U0243989

河南省高等学校哲学社会科学应用研究重大项目
"碳中和目标下河南工业碳排放达峰预测与减排路径研究"（2022-YYZD-07）

TANZHONGHE

Mubiaoxia Henan sheng Gongye Tanpaifang
Dafeng Yuce yu Jianpai Lujing Yanjiu

碳中和目标下河南省工业碳排放达峰预测与减排路径研究

吴玉萍 李 玲 张 云 ◎著

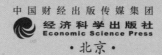

中国财经出版传媒集团

经济科学出版社
Economic Science Press
·北京·

图书在版编目（CIP）数据

碳中和目标下河南省工业碳排放达峰预测与减排路径
研究/吴玉萍，李玲，张云著．－－北京：经济科学出
版社，2023.6
ISBN 978－7－5218－4894－6

Ⅰ.①碳…　Ⅱ.①吴…②李…③张…　Ⅲ.①地方工
业－二氧化碳－废气排放量－研究－河南　Ⅳ.①X511

中国国家版本馆 CIP 数据核字（2023）第 118530 号

责任编辑：李　雪
责任校对：刘　昕
责任印制：邱　天

碳中和目标下河南省工业碳排放达峰预测与减排路径研究
吴玉萍　李　玲　张　云　著
经济科学出版社出版、发行　新华书店经销
社址：北京市海淀区阜成路甲 28 号　邮编：100142
总编部电话：010－88191217　发行部电话：010－88191522
网址：www. esp. com. cn
电子邮箱：esp@ esp. com. cn
天猫网店：经济科学出版社旗舰店
网址：http：//jjkxcbs. tmall. com
固安华明印业有限公司印装
710×1000　16 开　14.75 印张　180000 字
2023 年 6 月第 1 版　2023 年 6 月第 1 次印刷
ISBN 978－7－5218－4894－6　定价：76.00 元
（图书出现印装问题，本社负责调换。电话：010－88191545）
（版权所有　侵权必究　打击盗版　举报热线：010－88191661
QQ：2242791300　营销中心电话：010－88191537
电子邮箱：dbts@ esp. com. cn）

前　　言

作为世界最大的碳排放国之一，中国"双碳"目标的实现成效对全球低碳转型进程至关重要。工业行业是中国能源消耗和碳排放的主要来源，在"双碳"目标下面临着巨大的减排压力。因此，有必要通过梳理工业行业碳排放的发展现状并明确存在的主要问题，然后制定合理的碳减排路径。本书基于发展问题研判结论，按照时空演变分析、驱动因素分解、碳达峰情景预测以及配额分配方案研究的思路展开分析，研究结论将有助于确定碳达峰的时间、规律以及制定合理的配额分配方案，进而推进碳减排行动路径的设计和统一碳交易市场的建设。

河南省是中国化石能源消耗量较大的省份之一。近年的经济增长优势明显，但以煤炭为主导的能源结构存在碳排放基数大和能源对外依存度高等问题。工业行业是河南省经济发展的主要动力，同时也是碳排放的主要来源。因此，本书以河南省工业行业为研究对象。首先，分析河南省工业的经济发展和能源消费现状，提炼工业行业碳排放的时空演化分布特点，为接下来的碳排放因素分解、达峰预测和配额分配等研究奠定现实基础。其次，根据河南省工业发展现状和大量相关文献研究，选取 6 个碳排放影响因素，采用 Kaya 恒等式分析各因素与碳排放的相关性，并借助 LMDI 模型的因素分解功能造出主要的驱动因素。然后，基于情景分析法设定 8 种发展情景模式，结合 STIRPAT 模型预测河南省工业在 2021～2060 年的碳排放趋势，进而通过对比各情景模式下的碳达峰情况选出最优发展模式。继而，以最优发展模式下河南省工业的碳达峰峰值为配额总量的目标约束，构建一个"政府—工业行业—子行业"的双层分配体系，使用熵 – AHP TOPSIS 模型和 ZSG – DEA 模型将配额分配给河南省工业的各子行业。为了进一步明确配额分配方案的现实可行性，本书还借助环境基尼系数、边际减排成本和总减排成本指标分别对分配方案的公平性和经济性进行定量评价。最后，结合河南省工业发展现状和研究结论，提出河南省工业于 2030 年前实现达峰目标的可能路径。本研究对河南省工业走一条经济绿色低碳的高质量发展道路，提高河南省应对气候变化的能力，支撑经济社会的发展和绿色转型都具有重要意义。研究结果可分为以下几点。

（1）河南省工业行业在 2010～2020 年的碳排放趋势总体呈现缓慢下降的状态。时间上，碳排放量先增后减，碳排放强度的下降趋势明显。空间上，碳排放总量呈现"中间高，四周低"的分布格局，碳排放强度呈现"西北高，东南低"的分布特征，同时这一明显的区域性特征与化石能源的分布情况一致。此外，空间差异性分析表明，河南省工业碳排放强度的绝对差异正在逐步减小，相对差异呈扩大趋势。区域间的内部差异是导致河南省工业碳排放强度总体差异的主要原因，而区域间差异对总体差异造成的影响较小，同时区域内的差异呈缩小趋势，而区域间的差异呈扩大趋势。

（2）经济发展水平和人口规模因素对河南省工业碳排放有显著的正向驱动作用，能源强度、能源结构和产业结构因素有明显的负向驱动作用。此外，经济发展水平是抑制碳负变的主要因素，产业结构是抑制碳正变的主要因素。

（3）情景分析预测出河南省工业在 2021～2060 年的碳达峰时间介于 2026 年和 2031 年之间，有望实现 2030 年的碳达峰目标。还发现经济因素发展越快，碳达峰时间越晚且峰值越高，而技术因素发展越快，碳达峰时间越早且峰值越低，技术因素对碳达峰影响效果显著。中高速情景为最优发展情景，该情景最早于 2026 年实现碳达峰，峰值为 16373.78 万吨。

（4）在基于公平原则得到 TOPSIS 初始分配方案的基础上，采用 ZSG - DEA 模型对初始分配方案进行效率优化后的再分配方案最符合河南省工业行业的发展要求。定量评价结果表明，该方案不仅兼顾公平与效率原则，还能带来更低的减排成本。

目　　录

第1章

引 言

1.1 研究背景与意义

1.1.1 研究背景

以二氧化碳为主的温室气体排放加剧了气候恶化,对人类的生存和可持续发展造成了严重威胁。根据政府间气候变化专门委员会(IPCC)在2021年发布的第六次评估报告,2011~2020年,全球平均气温比工业化前上升了1.09℃。改善环境问题的关键在于控制碳排放。作为世界最大的发展中国家和碳排放国之一,中国在第75届联合国大会上庄严承诺:"二氧化碳排放力争于2030年前达到峰值,努力争取2060年前实现碳中和。"在2021年3月召开的中央财经委员会第九次会议上,进一步提出了"力争2030年前实现碳达峰、2060年前实现碳中和"这一重大战略决策。

　　河南省是中国化石能源消耗量较大的省份之一。近年来，河南省面临着能源结构失衡、经济增长缓慢等一系列问题，以煤为主的能源消费结构和巨大的碳排放造成了严重的环境污染。工业行业是河南省经济发展的主要动力，同时也是碳排放的主要来源。2020年，工业产值占全省国内生产总值（GDP）的41.6%，而碳排放量约占80%。其中，煤炭资源的消费占比高达67.4%，而非化石能源的消耗仅占能源消费总量的10.7%，这使得河南省碳排放一直处于全国较高水平。在减排举措陆续实施后，碳排放量开始呈现下降趋势，但总量仍然很大。在"双碳"目标下，河南省工业行业面临着巨大的减排压力。基于"绿色复苏的气候治理新思路"等一系列关于实施2030年前碳排放达峰行动的要求，河南省在当前和今后一段时间内的一项重要任务，就是考虑应该如何将国家提出的碳达峰、碳中和政策加快推进落实。同时，这也是河南省在"十四五"建设时期，推进经济社会高质量、跨越式发展的重要抓手和必由之路。

　　河南省位于我国中东部地区，下设18个地级市。2010～2020年，河南省地区生产总值增势明显，位于我国前列。虽然总体经济发展较快，但经济的发展主要依靠工业推动，对自然资源的依赖性也较强。2016～2020年河南省污染物排放源数据如表1.1所示。

表1.1　　　　　　　2016～2020年河南省污染物排放源数据　　　　单位：吨

污染物	2016年	2017年	2018年	2019年	2020年
化学需氧量	313814.02	288546.49	270019.51	251854.07	1445681.80
氨氮	27122.41	25471.03	22996.46	20591.99	46344.42
二氧化硫	386461.55	139810.65	122672.44	104386.73	66754.04

污染物	2016 年	2017 年	2018 年	2019 年	2020 年
氮氧化物	820924.10	693939.90	655966.76	607683.71	545489.31
颗粒物	380623.03	256800.85	214853.54	175250.87	86764.72

资料来源：河南省生态环境厅综合处。

由以上分析可知，河南省化石能源消耗在碳排放来源中占较大比例。如何在降低碳排放量的同时保持经济的稳定增长，是河南省目前发展面临的重要挑战。从国家政策来看，低碳发展已成为当今社会发展的主流，绿色生产生活方式正在广泛形成。所以，河南省相关政府部门应切实履行职责，进行适当的减排政策干预，以达到"碳排放达峰后稳中有降"的目标，从而实现河南省经济高质量发展。

1.1.2 研究意义

1）学术价值

一方面，本书基于碳中和愿景，利用情景分析对河南省碳达峰的时间和规律进行深入的刻画和分析，从而丰富区域性碳达峰研究；另一方面，基于"绿色复苏的气候治理新思路"，设计河南省碳达峰行动路径和配额分配方案，促进符合中国国情和区域省情、具有本土化和原创性的气候变化治理理论研究。

2）应用价值

当前正是各个省份制定碳达峰行动方案的关键时期。本书紧扣国家碳达峰战略和河南省"十四五"目标任务，将梳理和刻画河南省碳排放达峰规律、明确公平有效的配额分配方案，并提出面向河南省全省、不同区域和主要行业的"三位一体"的碳减排行动方案，为相关部门提供决策依据和政策借鉴。

本书以河南省为研究区域。首先，分析了河南省及其下设 18 个地市的碳排放历史发展趋势，并研究其时空分布格局。按照本书的研究思路，根据碳排放的高低将河南省的 18 个地市划分为高碳、中碳和低碳三大类排放区。其次，基于碳排放的发展现状分析，提炼出河南省工业碳排放的主要驱动因素，并进一步明确了最优碳达峰情景以及碳达峰峰值总额约束下各子行业间的配额分配方案。最后，基于上述研究结论，制定河南省工业实现碳达峰目标的具体行动路径。

1.2 国内外研究现状

20 世纪以来，全球平均气温持续上升。政府间气候变化专门委员会（IPCC）指出，1880～2012 年，全球平均地表温度上升了 0.85℃，海平面上升、冰融化、干旱以及破坏性风暴等极端气候现象频频发生，引起这些气候极端变化的关键因素是全球气候变暖。基于此，近年来碳排放问题得到世界各国的广泛关注。全球气候变暖是当今人类社会面临的共同挑战，能源消费过程中碳排放的急剧增加是气候变暖的主要原因。为了应对全球气候危机，2015 年 12 月，近 200 个国家在《巴黎协定》中一致承诺"将全球平均气温升幅控制在比工业化前水平高出 2℃ 以下，并努力将温度升幅控制在比工业化前水平高出 1.5℃ 以内"（UNFCCC，2015）。自 2007 年起，中国已经取代美国成为世界第一大能源消耗国和二氧化碳排放国。作为最大的碳排放国，中国政府身负重任，积极肩负国际社会减排任务，高度重视气候变化问题，积极参与全球气候治理，认真落实节能减排工作，积极采取各种措施推进节能减排。多尺度研究中国能源消费碳排放科学计量、分析其时空演变特征以及制定合理有效的减排策略是当前及今后一段时期我国社会发展面临的重大课题。中国承诺在 2030 年左右达到碳排放峰值，并努力尽早达到峰值，目标是在 2060 年之前实现碳中和。如何实现上述承诺已经引起了世界范围的关注，并引起了许多研究人员的极大兴趣。

全球范围内均在应对碳排放问题时制定不同的碳减排目标，而目前中国作为世界上的碳排放大国在实现全球总体碳减排目标中肩负着重任。然而，中国工业又是中国国民经济的主体，中国工业行业的碳减排直接决定着中国总体碳减排目标的实现。因此，以工业碳排放为主题的研究一直是学者们关注的热点。目前对于工业碳排放的研究，国内外学者做的比较多的就是研究了碳排放的影响因素以及碳排放与经济发展之间的关系。

1.2.1 国外研究现状

瑞典学者斯万（Ahrrenius）早在 1896 年就提出二氧化碳排放将导致气候变暖，然而直到 20 世纪 70 年代，人们才逐渐意识到气候变暖将引发全球危机，缓解气候变化问题刻不容缓。1988 年，联合国环境规划署成立了政府间气候变化专门委员会（IPCC），并在 1990 ~ 2013 年先后发布了 5 次评估报告，为国际社会了解气候变化问题提供了科学依据和减缓其影响的相关建议。美国学者莱斯特·R. 布朗认为，地球正在面临温室化的威胁，人类应该尽快实现从以化石能源为核心的传统经济向以太阳能、氢能等清洁能源为核心的绿色经济的转变。尹希果等通过整理国外研究综述发现，低碳经济发展模式是发达国家为减缓气候变暖而提出的一种新兴的经济发展模式，发展低碳经济的一个重要方面就是控制碳排放量。控制碳排放量已成为减缓气候变迁的重要切入点，也是国内外学者的重点关注和研究对象，主要的研究主题有低碳与经济增长、碳排放的影响因素、碳排放与经济增长的关系以及碳减排对行业发展的影响等方面。其中，关于碳达峰的预测研究方面，WOS检索显示2020年前的发表文章数年均仅有十余篇，2020年后上升了近20倍。

1）不同研究范围的现状分析

国外碳排放研究的相关文献涉及的学科较多，在研究范围上主要可以划分为区域和行业两类。于等（Yu et al.）分析了区域和行业排放配额分配对碳交易市场的影响。对于区域层面上的研究较为丰富，包括了国家、省市等范围。江等（Jiang et al.）和黄等（Huang et al.）基于面板数据建立回归模型，分别分析了57个"一带一路"国家和39个非洲国家的碳排放量区域差异及主要驱动因素，并向这些国家提出了妥善建议。格雷格等（Gregg et al.）提出了一种估算化石燃料消耗和由此带来的人为碳排放的比例方法，通过化石燃料市场部门的数据来确定美国月度和各州碳排放量的时空特征。郑等（Zheng et al.）和王等（Wang et al.）通过对中国30个省份和41个城市群的实证分析，基于区域差异研究发现技术进步对碳排放量的影响显著。程叶青等从省级尺度分析了中国1997~2010年能源消费动态时空演变过程，表明中国碳排放量从1997年的4.16亿吨增加到2010年的11.29亿吨，年增长率为7.15%，且碳排放强度出现空间集聚特征。国外学者关于国家层面的研究范围较广，而对于省市层面的研究较少。另外，行业层面的研究领域也较为全面，主要有化工业、农业、钢铁行业、电力行业等。崔等（Cui et al.）、李等（Li et al.）、段等（Duan et al.）和林等（Lin et al.）分别对煤化工行业、农业、钢铁行业和发电厂的碳排

放情况进行核算和优化，分析主要驱动因素并提出改善意见。林等
（Lin et al.）利用计量分析方法对中国制造业碳排放与工业增长之间的
关系进行了研究，发现工业增长与碳排放之间存在着长期均衡的关系。
也有学者通过对电力部门（Walmsley et al.）、矿产业（Shao et al.）和
水泥业（Lin et al.）高能耗部门的分解分析，探究行业碳排放变化的
驱动因素，从经济规模、产业结构以及能源使用效率等方面，试图找
到合适的减排路径和政策。对像制造业这样的高能耗部门，很多国家
都有较为有效的减排措施，而对像农业和旅游业这样的低能耗部门，
其减排力度远远不及碳排放的增长速度。由此可见，国外学者对于区
域和行业层面的碳排放研究成果较为丰富，但对于区域视角下细化行
业的研究较少。

　　2）不同研究视角的现状分析

　　国外对于控制碳排放量的研究主要是从影响因素视角出发，分析
经济、技术和人口等因素与碳排放量之间的作用关系。由于能源碳排
放量是碳排放主体部分，因此学术界对碳排放量预测方面的研究主要
集中在能源消费的碳排放量峰值方面。国外学者普遍认为，经济水平
是碳排放的主要影响因素之一。格鲁兹曼等（Grossman et al.）在1991
年的开创性研究中，首次提出经济增长与环境质量之间存在倒"U"
型的动态关系（环境库兹涅茨曲线），即初始经济规模的扩大导致环境
质量恶化，迄今仍有马杜卡等（Maduka et al.）、切布拉等（Chhabra
et al.）和哈特马努等（Hatmanu et al.）大批学者也证实了人均国内生
产总值与碳排放之间呈倒"U"型关系的结论。但也有学者研究得出
不同的结论，如任等（Ren et al.）研究表明人均国内生产总值和碳排
放两者的关系是呈"N"型反向的。另外，技术水平也被认为是主要
影响因素之一，郑等（Zheng et al.）为分析技术进步对碳排放强度的

非线性影响，建立模型测算了中国 30 个省份的碳排放强度和技术进步指数，结果表明技术进步会增加碳排放强度。刘等（Liu et al.）运用 LMDI 方法对我国 1998～2005 年 36 个行业部门的碳排放变化量进行因素分析，结果发现工业行业发展和能源强度变化是工业行业碳排放变化的最重要推动因素。王等（Wang et al.）基于 DEA 模型分析了 83 个国家的经济发展差距和技术差距对碳不平等的影响，结果表明经济发展和生产技术对缩小碳不平等的作用效果有所差异。拉赫曼等（Rehman et al.）分析了城市化、人口增长、人均国内生产总值和能源使用等因素对碳排放的潜在影响，结果发现除经济和技术水平因素外，人口、城镇化和能耗使用情况也对碳排放量有影响，且人口增长和经济发展均对碳排放量影响显著。

3）不同研究方法的现状分析

碳排放量达峰是碳排放得到控制的重要标志。由于能源碳排放量是碳排放的主体部分，因此学术界对碳排放量预测方面的研究主要是对能源消费的碳排放量峰值预测，研究方法也逐渐多样化。保罗等（Paul et al.）最先提出 LMDI 因素分解法，即保持其他因素变量不变的条件下，分别对各变量微分，从而求出各因素变化对目标量的影响。如约克等（York R et al.）为了修正 IPAT 的模型的不足，延伸出了基于 IPAT 模型的拓展 STIRPAT 模型。该模型具有随机拓展性，可同时引入多个驱动力因素，且各指数还可以反映出各个自变量对因变量产生的非比例影响关系，已得到广泛运用。刘等（Liu et al.）采用系统动力学模型进行情景模拟，对中国 2008～2020 年的能源消耗和碳排放进行了预测，研究 2020 年中国碳排放强度能否达到 2005 年水平的 40%～45%。江等（Jiang et al.）采用 STIRPAT 模型分析了 1995～2018 年 57 个"一带一路"国家小组人口城镇化对碳排放量的影响，发现碳排放量和人口城镇化具有相同的变化趋势。段等（Duan et al.）使用远程能源替代计划系统（LEAP）测算 ISP 全生命周期的碳排放量，还量化了不同缓解措施应用水平的三种情景下的减排潜力，结果表明未来 ISP 的低碳发展主要取决于低碳电力比例等的提高。陈等（Chen et al.）研究了 1980 ~ 2014 年中国人均碳排放、国内生产总值、可再生能源和不可再生能源生产对外贸易之间的 11 种关系，发现这些变量之间存在着长期关系，而中国在没有经济增长、不可再生能源生产和对外贸易影响下的碳排放不存在 EKC 曲线，而加入可再生能源变量后，EKC 曲线是成立的。杨等（Yang et al.）基于 EKC 假说探究了可再生能源对缓解二氧化碳排放的作用，认为应将更多的资源用于可再生能源的开发。尽管预测碳排放的模型不断丰富和拓展，但学者们在进行预测时几乎都会采用多种情景设定的方式。不可否认，排放分配需要平衡排放效率与公平。效率意味着排放效率较高的县可以以更少的投入（即碳排放）和不理想的产出产生更理想的产出。

碳排放权初始分配方面，贾等（Jia et al.）将 TOPSIS 法引入低碳经济评价，并采用模糊层次分析确定指标权重，充分考虑了评价中的模糊性和非线性问题。卡亚等（Kaya et al.）利用模糊 TOPSIS 模型研究了能源规划问题，通过模糊比较获得每个评价指标的权重。郭（Guo）利用指数增量和时间熵权对传统的静态 TOPSIS 法进行改进，以评价区域低碳经济竞争力，发现动态 TOPSIS 法不仅可以比较不同对象的评估结果，而且可以指示同一对象在不同时刻的演化。从效率的角度进行排放配额分配，数据包络分析（DEA）模型已被广泛用于评估碳排放效率。使用零和博弈 DEA 模型来评价碳排放效率。碳排放配额的总量是固定的，这意味着每个决策单元的总量是相关的。在碳排放配额分配过程中，碳减排目标是固定的。因此，在评估和提高各决

策单元的效率值时，ZSG - DEA 是一种广泛使用的方法。戈麦斯等
（Gomes et al.）指出碳排放总量固定不变的特点与零和博弈的思想不
谋而合，并首次将零和博弈 DEA 模型运用到环境效率评价领域，讨论
了在京东议定书框架下如何通过重新调整碳排放配额实现全局最优。
杨等（Yang et al.）将公平性原则纳入 ZSG - DEA 模型，重新提出了
2030 年中国省级碳排放权分配方案，研究发现将公平性原则纳入分配
模型中会对仅考虑效率原则的分配结果产生影响。蔡等（Cai et al.）
和于等（Yu et al.）在分配碳排放配额时都采用了零和博弈 DEA
（ZSG - DEA）模型，同时考虑了平等和效率的原则。王等（Wang
et al.）利用零和博弈 DEA 模型提出了一种中国各省份碳排放的高效分
配方法。苗等（Miao et al.）利用 ZSG - DEA 模型在中国不同省份之间
分配二氧化碳排放量。李等（Li et al.）和方等（Fang et al.）分别提
出了双目标规划模型（BPM）和改进的 ZSG - DEA 模型，利用人口、
国内生产总值和历史碳排放来代表这一原则。庞等（Pang et al.）采用
ZSG - DEA 模型对碳配额进行再分配，以使所有国家都获得 100% 的效
率和帕累托改进，该模型只考虑了效率原则，而忽略了公平原则。邱
等（Chiu et al.）利用 ZSG - DEA 模型探索了欧盟 24 国间排放配额的
分配与再分配。张等（Zhang et al.）以碳排放为输入变量，国内生产
总值、人口和土地面积为输出变量，在 2015 年的基础上对 2020 年 39
个碳排放配额中的中国碳排放配额进行了分配，并采用投入导向的
ZSG - DEA 模型检验了 2020 年分配方案的效率。王等（Wang et al.）
利用 ZSG - DEA 模型实现了中国 30 个行政区域的全国二氧化碳减排目
标，并提出了省级的高效排放额度分配方案。曾等（Zeng et al.）利用
零和博弈 DEA 模型测度了中国 30 个省市碳排放权和非化石能源消耗
的分配效率。马等（Ma et al.）从企业视角出发，采用双层规划方法

和 ZSG - DEA 方法对中国 5 家主要发电企业进行了碳排放配额分配。结果表明，发电对碳配额分配具有正向影响。

1.2.2　国内研究现状

自 2020 年"双碳"目标提出后，碳达峰开始成为学者们的研究热点，涉及地理、生态、能源经济学和低碳经济学等多个学科或学科交叉领域（见图 1.4），研究内容包括发展现状、因素分解、预测分析和减排路径探索等方面，研究对象主要有区域和行业等层面。随着低碳减排进程的不断深入，未来的研究领域应该主要在碳交易、区域碳流量、碳减排路径、优化能源消费结构、产业结构以及创新低碳经济理论，建立全面的能源消费和低碳经济理论体系等方面。

1) 不同研究范围的现状分析

碳排放区域差异研究是国内研究的热点之一。《中国能源统计年鉴》将含碳能源的种类进行划分，分别是煤炭、焦炭、原油、汽油、煤油、柴油、燃料油以及天然气。国内对碳排放系数研究具有代表性的是徐国泉等，他将碳排放系数转化为标准统计量。

目前，国内学者大多从东中西 6 区、省际层面来分析碳排放区域差异，从省内层面的研究较少。王安静等采用投入产出表结合能源平衡表测算了中国 30 个省份各行业的直接碳排放量，表明 2012 年直接碳排放量排名前五的省份分别为山东、河北、江苏、内蒙古和河南，排放量分别为 8.42 亿吨、7.15 亿吨、6.65 亿吨、6.21 亿吨和 5.21 亿吨。方德斌等测算了 2006 ~ 2016 年北京城镇居民碳排放量，表明研究期内，北京城镇居民的直接碳排放量从 972.35 万吨增加到 1964.65 万吨，年平均增长率为 7.29%。罗栋燊等和杨振等从省际层面进行碳排放的区域异质性分析,发现东中部地区、东部地区和西部地区以及各省份之间的碳排放量具有明显的差异性,并且驱动因素的作用效果也有所差异。王宪恩等基于扩展 STIRPAT 模型,设定低碳情景、节能—低碳情景、节能情景和基准情景,对吉林能源消费的碳排放量进行预测,结果表明,这些地区的碳达峰时间依次为 2029 年、2036 年、2040 年和 2045 年。蒋昀辰、潘晨和董庆前等分别利用 Probit 模型、Kaya 恒等式和 DEA 模型更为详细地分析了中国碳排放的区域差异和驱动因素,研究结论表明,能源强度、能源结构、人均国内生产总值、产业结构和城市化等因素是造成碳排放水平差异的重要因素。李国志等将全国 30 个省份按二氧化碳排放量分为低排放区域、中排放区域和高排放区域。李阿萌等也以江苏省为研究对象进行了碳排放时空研究,认为江苏省的碳排放总体呈现两个特点:人均碳排放呈现南高北低、西高东低的特征;碳排放强度具有南北双心分布和西高东低的特点。孙耀华等认为一个地区的碳排放强度达 1.2 以上即为高碳排放强度地区,在 0.7 以下即为低碳排放强度地区,我国碳排放强度呈现明显的地域性特征,而碳排放强度的高低与地区产业结构、技术水平以及能耗结构等因素密切相关。

重点用能行业碳排放的研究热度也在逐渐上升,陈诗一对中国工业分行业碳排放强度变化的主要原因进行分析,发现能源生产率的提高是碳排放强度下降的主要因素。李国志和李波等认为中国农业碳排放的影响因素有经济增长、能源利用效率和能源消费结构。梁日忠和范体军等运用完全分解模型研究了中国化学工业碳排放的影响因素。祁神军和胡颖等认为我国建筑业碳排放的影响因素有结构、效率、规模及劳动力因素。尹鹏等分析了中国省域交通运输碳排放与行业经济增长的相应关系。主要有建筑业、物流业、工业和化工行业等，基本都是通过实证分析为这些行业的低碳减排提出优化路径。

　　2）不同研究视角的现状分析

　　国内学者在碳中和目标指引下，对于碳排放的相关研究主要是从影响因素、脱钩关系、碳减排和结构体系优化等角度入手。经济水平被认为是碳排放的关键影响因素之一，如康文梅、胡怀敏和戴胜利等分别通过 LMDI 因素分解法、Tapio 指数分析法和熵值法等建立脱钩模型，主要分析碳排放量与经济发展的脱钩关系。王佳等利用 Kaya 恒等式和 IPAT 模型，从省际、东中西部以及八大经济区等不同尺度对中国经济发展与碳排放情况进行研究，发现全国范围内，碳排放并未实现脱钩。除此之外，赵吉、乐保林和莫姝等利用回归模型和投入产出模型等方式分别对中国各行业或各区域的碳排放的多方面影响因素进行提炼，为有针对性地改善生态环境提供实证依据。在影响因素分解的基础上，还需要进一步地为碳中和目标的实现提供具体的低碳减排建议和明确的关键着手点。许绩辉等基于 LEAP 构建自下而上的中国民航业能源系统模型并设置五组情景，深入分析民航业的驱动因子和发展趋势，探讨中国民航业中长期低碳发展的技术路径。毛莹等基于中国 30 个省区市的数据，采用倾向得分匹配—双重差分模型分析碳排放权交易试点对区域的碳减排效应，发现碳排放权交易降低了试点区域的碳排放量。冯彬等发现分阶段、系统性以及动态完善的碳排放管理标准体系，能为实现碳达峰、碳中和发展目标提供制度保障，推动生态环境治理体系与治理能力现代化建设。由此可见，碳中和目标的实现需要从政策、技术和市场体制等多方面的研究入手，通过各种措施实现碳减排是当前的主要目的。丛建辉等从不同角度梳理辨析了"直接排放与间接排放""组织边界排放与行政地理疆界排放"和"范围 1

排放、范围 2 排放与范围 3 排放"等 9 种城市碳排放核算的边界界定方法，厘清了各种界定方法之间的关系。

3）不同研究方法的现状分析

在碳排放预测方面，研究方法多种多样，各种更加精确的复合方法也逐渐涌现。许宁翰基于 IPAT 模型论证了实现碳排放达峰的基本条件，并通过情景分析对中国实现 2030 年前碳达峰以及碳强度下降 65%的可能性进行了探究。周伟等采用 MARKAL - MACRO 模型测算未来中国能源消费需求，设定了 3 种能源消费情景，并测算了 3 种情景的碳排放量。渠慎宁等利用国内 30 个省份统计数据对各个地区碳排放基本情况进行分析，在利用时间序列进行回归的基础上，对国内碳排放高峰值出现时间进行预测。朱永彬等采用改进的内生经济增长模型 Moon - Sonn，预测中国未来的经济发展模式，并得出最优发展模式的能源消费趋势，以及中国未来能源碳排放总量趋势，研究发现，在保持现有的技术水平发展速度下，我国的能源消费于 2043 年达峰，碳排放于 2040 年达峰。孙涵等利用 LEAP 模型预测中国经济增长与能源消费的多部门脱钩情况，采用情景分析法预测各部门的碳排放情况。曹广喜等运用情景分析和 Logistic 模型对 2019～2030 年江苏省重点行业碳排放进行预测，结果表明，在合理约束下 4 个重点行业均能于 2030 年前达峰。王良栋等运用经济平稳增长模型测算 2020～2050 年黄河流域相关省区的经济最优增长率，模拟分析不同情景下各省区碳达峰的时间和水平，发现黄河流域相关省区总体碳达峰时间在 2029～2037 年。段福梅运用基于粒子群优化算法的 BP 神经网络分析，在 8 种发展模式下预测了中国二氧化碳排放峰值。

近年来，IPAT 及其衍生的 STIRPAT 模型是预测碳排放峰值与分析影响因素的主要方法之一。张剑等建立扩展的 STIRPAT 模型，运用情景分析法对 4 种情景下的中国碳排放量进行预测，结果表明，基准情景下中国在 2030 年之前不能实现碳达峰，而在产业结构优化情景、能源结构优化情景和多要素优化情景下中国可以在 2030 年之前实现碳达峰。黄蕊等利用 STIRPAT 模型定量分析了江苏省二氧化碳排放量与人口规模、人均国内生产总值、技术和城镇化之间的关系，研究结果表明，人口、经济低速增长以及技术高速增长的发展模式能有效控制能源消费碳排放量。邓小乐等采用 STIRPAT 预测西北五省的碳排放达峰时间，研究表明，在经济稳定增长的状态下保持碳排放强度持续下降有利于提前碳排放的达峰时间，西北五省碳排放量的峰值时间为 2020～2025 年。

在基于预测的基础上，进一步进行分配。庄青等运用熵权法和 TOPSIS 法构建了江苏省电力行业初始碳排放权分配方案评价模型。田成诗等利用 TOPSIS 法对中国 30 个省份的农业低碳化水平进行评价。中国各地区经济发展差距很大，在固定的排放配额下，选择既能实现目标又能实现省际公平和效率的发展道路至关重要。孙作人等以同样的方法对国内的"十二五"期间的节约能源性因素作出了分配研究。张浩然等以 1.5℃ 温升目标约束下中国 2030 年的碳减排量为分配对象，基于 6 种分配原则，对比分析了 ZSG - DEA 有效时各省份的碳排放量和碳减排责任。傅京燕等选取二氧化碳排放量、人均国内生产总值、产业结构和人口结构等指标，基于零和博弈 DEA 模型对中国 30 个省份 2020 年的碳排放权分配方案进行效率评估。郑立群则是对该方法进一步拓展，对我国的碳减排责任进行了分摊。

1.2.3　研究评述

随着气候变化危害的日益严重，全球各个国家减少温室气体排放的意识也在不断增强，深化全球气候变暖是当前全球面临的重大挑战之一，深刻影响着人类赖以生存的环境。因此，21世纪以来，碳排放、碳达峰的学术课题逐渐成为国内外研究的热点，全世界相关研究成果颇丰，无论是在研究视角还是研究方法上都日趋完善，对于本书的研究有着重要的借鉴和启发意义，但是因各国情况不同，差异较大，单纯套用他国方法并不能为我国所用。本书在前人研究成果的基础之上，结合自身论点深入研究。现通过国内外文献分析得到的主要研究结论如下。

（1）从研究范围上看，自上而下主要集中于国际、国家、省级、市级或者各个产业和行业之间的碳排放问题。中国碳排放时空分布差异显示，我国碳排放呈现逐年上升的趋势，碳排放量最大的地区为东部沿海地区，碳排放量最小的地区为我国西部地区，造成我国碳排放出现空间差异的主要原因是东、中、西三大地区的能源结构、人均国内生产总值、能源强度和产业结构存在明显差异。

（2）从研究视角上看，碳排放预测研究进行分区域、分行业和分方法的总结比较，试图描绘出不同视角带来的不同区域碳达峰峰值的差异。如此在制定碳减排目标和相关政策时才会更具明确的针对性和更为良好的可操作性。总结对不同国家、不同省份和不同行业碳排放的差异结果发现，国内外学者普遍认为碳排放的影响因素包括经济发展、人口规模、人均国内生产总值、城市化水平、碳排放强度、能源利用效率和产业结构等；经济发展和人口增长将导致碳排放增加，而技术发展能减少二氧化碳排放的增加。

（3）从研究方法上看，国内外学者主要集中在运用STIRPAT模型、LEAP模型、MARKAL-MACRO模型和EKC曲线方面，混合模型的开发和应用范围也逐渐广泛。首先，碳排放的预测模型基本都会借

助情景分析法进行变量情景模拟。其次，碳排放权方面主要应用了
TOPSIS 模型和 ZSG – DEA 模型进行分配，并结合 SBM、DDF 和 NDDF
等模型以及基尼系数来检验分配结果的公平性和正确性。

　　综上所述，从研究范围看，目前对于省域层面和行业层面的研究
已较为全面，但对于省域层面下重点用能行业碳排放情况的细化研究
文献较少；从研究视角看，碳排放影响因素的相关研究最为丰富，指
标因素的选取上涵盖了能源、经济和环境等多个方面，但基于主要驱
动因素的减排路径的研究还有待丰富；从研究方法上看，多样化的研
究方法中，STIRPAT 模型在因素分解和碳排放预测研究中应用广泛，
且情景分析是在进行碳达峰预测时的一种常用方法。另外，大量的配
额分配研究主要是基于数据包络分析法，进而进行兼顾多原则、多方
法的深入分析。

　　河南省位于我国中部，是国家中部崛起计划的重点区域之一。改
革开放以后，河南省经济迅速发展，特别是自 2010 年提出中原经济
区建设以来，河南省以农业现代化、工业化和新型城镇化"三化协
调"为指导思想，在经济建设方面取得了长足发展。河南省是我国
传统的能源大省，省内有丰富的煤炭资源。然而，长久以来，河南
省经济以高消耗、高污染和低效率的粗犷模式发展，化石能源消费
和碳排放量也持续高速增长。因此，本书以河南省重点用能的工业
行业为研究对象。首先，分析河南省工业发展现状和主要的碳排放
驱动因素，根据相关文献研究选取影响因素构建拓展的 STIRPAT 模
型，并结合情景分析法对 2021～2060 年河南省工业的碳排放发展
趋势进行预测，得到在碳中和倒逼约束下河南省工业行业具体的达
峰时间和达峰值。其次，结合碳排放预测结论与发展实际，为河南
省工业行业实现低碳转型目标明确最优情景模式。最后，在最优碳

达峰情景约束下，基于公平、效率和经济性原则制定一个符合河南省工业发展要求的配额分配方案，并设计有针对性的减排路径。本书的研究对河南省调整产业结构和能源结构，构建可持续发展的经济模式，以及协调分配区域内部减排目标及政策等均具有比较重要的现实意义。

1.3　研究思路与方法

1.3.1　研究思路

本书遵循如图 1.1 所示的"问题—原因—解决"的总体研究思路和主线，在具体研究内容设置和开展时，遵循以下思路：一是以文献综述和理论梳理为前提，提出本书研究的关键科学问题，为本书研究的开展奠定理论基础；二是以广泛的数据收集为基础，尽可能多地收集河南省碳排放相关数据，为保证本书研究的深入开展和科学性提供数据基础；三是以河南省工业碳达峰模拟为核心，探究河南省工业碳排放的发展路径及演化规律；四是以明确河南省工业各子行业的碳排放配额分配方案为重点，提出公平有效且符合经济节约型的原则的分配政策；五是以提出实现河南省 2030 年碳达峰的行动方案和政策建议为落脚点，强化问题研究的理论依据和应用价值。

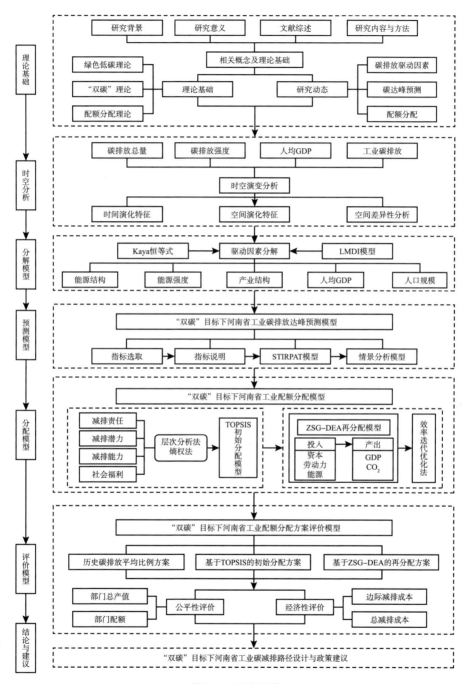

图 1.1 研究思路

1.3.2　研究方法

本书综合运用文献研究、GIS 空间分析、情景分析、模型构建、实证研究及模拟优化等方法，并借助 ArcGIS、EViews、SPSS、MaxDEA Ultra、Origin 及 Excel 等软件处理数据。

（1）文献研究。认真收集国内外有关国家或地区关于碳排放分析、碳排放分解与达峰预测、配额分配的文献，归纳整理目前学者们的研究方法、研究成果及还未得到解决的问题，为本书的研究思路、分析方法、理论模型做好知识储备。

（2）GIS 空间分析法。借助 ArcGIS 软件的空间数据处理和空间分析功能，分析河南省工业行业历史碳排放的时空特征及演化规律，为实现河南省各区域、各行业碳达峰目标提供理论依据和决策参考。

（3）线性回归分析。本书通过建立多元线性回归模型排除变量间存在的关联性，分析河南省工业碳排放的影响因素与碳排放量之间的相关性，进而根据影响因素的关联程度及正负影响关系，找到促进河南省碳达峰、碳减排的着力点。

（4）因素分解法。本书采用 LMDI 因素分解模型，对河南省工业碳排放主要驱动因素进行实证分析。拓展后的因素分解法利用统计分解指数对经济变量和技术变量等影响因素进行相应分解，从而分析各个因素对因变量的影响程度，进而找到反映事物的决定性因素。

（5）趋势预测模型。构建碳排放的 STIRPAT 预测模型，基于系统的角度进行定量模拟，预测 2021～2060 年河南省工业行业未来碳排放的变化趋势，明确最优的发展状态及可能的碳达峰峰值与时间点。

（6）情景分析法。运用该方法对河南省工业行业未来碳排放的情景进行参数设置，模拟河南省工业碳达峰的多种可能情景，根据最优情景模式的各要素要求为相关部门的政策制定提供参考和建议。

（7）主客观综合权重模型。采用基于层次分析法和熵权法的主客观综合权重 TOPSIS 模型，将河南省工业实现碳达峰时的碳排放总量分配到各子行业，为碳排放配额的合理分配提供一个多层次、多指标的分配体系。

（8）数据包络分析模型。运用数据包络分析模型对基于综合权重的初始配额分配方案进行效率优化，并结合环境基尼系数、编辑减排成本和总减排成本指标，对优化后的再分配方案进行公平性和经济性的定量验证，最终提出一个公平有效且具有经济可行性的配额分配方案。

1.4　研究内容

根据上述框架思路，本书内容分为以下八章。

第一章：引言。该章围绕本书的研究背景及研究意义，提出了本书整体的研究思路及研究方法，最后论述了本书的主要研究内容及突出创新点。

第二章：相关概念及理论基础。该章主要围绕本书的研究主体、研究对象和研究方法进行相关概念和理论知识的梳理与罗列，为本书总体的后续研究提供理论支撑。

第三章：河南省经济水平和能源消费发展现状分析。按照整体、局部和行业三个视角，分析评价了河南省经济发展水平和煤炭、石油等主要能源消费的历史发展状况，为本书后续的进一步分析提供了现实依据。

第四章：河南省工业碳排放的时空演化分析。该部分首先确定了碳排放计算的数据来源和方法；在此基础上分析河南省工业碳排放的时间演化特征，包括碳排放总量、碳排放强度等；最后进行空间分布及演化特征分析，包括碳排放总量、碳排放强度、规模以上工业碳排放量等。同时，鉴于河南省各地市社会经济发展的差异性，剖析了不同碳排放等级城市的空间差异及规律。

第五章：基于 LMDI 模型的河南省工业碳排放影响因素分析。根据前述碳排放现状，在改进的 Kaya 恒等式基础上，运用对数平均迪氏指数法（LMDI）对影响河南省工业碳排放的相关因素进行定量衡量与分析，力图探明各个影响因素的作用方法与大小程度，为后续情景模拟提供数据基础。

第六章：河南省工业碳排放情景构建与峰值预测。首先，选取影响碳排放的相关变量，建立系统联立方程模型，确定河南省工业碳排放与经济规模、能源效率、能源结构、产业结构等因素的作用机制；其次，在联立模型的基础上，基于碳中和愿景设置包括低速、中速和高速等 8 种情景方案对系统内相关外生变量进行合理的预测，得出2021～2060 年河南省工业碳排放的情景预测值；最后，提炼碳中和目标下河南省工业碳达峰的行动方案。分析包括了以下几个方面：①河南省工业碳达峰与能源结构、经济水平、产业结构等因素的关系；②不同情景下河南省工业碳达峰的规律；③河南省工业行业整体最优碳达峰情景的特征。

第七章：基于行业视角的河南省工业配额分配研究。首先，根据文献研究，基于公平原则，从减排责任、减排能力、减排潜力和社会福利 4 个维度选取 8 个分配指标，构建河南省工业配额分配的双层分配指标体系；其次，运用熵－AHP TOPSIS 模型计算各子行业的初始配额比例；再次，通过 ZSG－DEA 模型对初始配额方案进行效率优化；最后，结合环境基尼系数和非径向方向距离函数（NDDF）模型，对效率优化前后的配额分配方案进行公平性和经济性检验，明确一个兼顾公平、效率和经济可行性的最佳配额分配方案。

第八章：碳中和目标下河南省工业碳减排路径。结合情景模拟和配额分配方案的分析结果，根据"绿色复苏的气候治理新思路"，并借鉴其他省份的碳达峰行动方案，提出了碳中和目标下河南省工业行业2030 年前碳达峰的行动方案及政策建议。本部分是全书的核心内容，从以下三个维度提出行动方案。

（1）河南省整体碳达峰行动方案。从加快推进产业结构优化、加大能源结构调整、推行省级行政区碳交易制度、加快重大前沿绿色技术创新、加大全社会应对气候变化宣传力度等角度提炼。

（2）河南省不同碳排放类别城市的碳达峰行动方案。根据上述对不同碳排放等级城市的排放趋势的时空研究，提出河南省整体"碳中和"视域下不同碳排放类别城市的减排路径及碳达峰行动方案：针对低碳城市，从加强低碳城市规划、促进建筑节能改造等角度提炼；针对高碳城市，从促进产业的结构低碳化，有效利用低碳和循环利用技术等角度提炼。

（3）河南省工业及其不同子行业的责任承担及碳达峰行动方案。通过对河南省工业的碳达峰总量预测，继而确定整个工业行业及其40个子行业的配额分配方案，在此基础上提出面向河南省工业及其子行业的碳达峰行动方案，从强化政府环境管制、转变生产方式的调节作用、全面推进电气化和节能提效、鼓励低碳技术创新、加大低碳技术配套服务政策支持等角度提炼。

1.5 研究创新点

（1）分析了河南省全域及其下属 18 个地市的碳排放时空演变规律，明确各区域的碳排放规律及它们之间差异产生的原因，为各地市有针对性地提出碳减排路径提供参考。

（2）提炼和诠释了河南省工业碳达峰规律。本书通过情景分析模型将河南省碳达峰规律科学、明晰地呈现了出来，使决策者能清楚地掌握河南省碳达峰的状况及其关键影响要素，从而有利于制定相关的政策措施。

（3）明确了河南省工业的不同子行业在碳达峰约束下的碳排放配额分配方案。本书通过构建多指标的双层分配体系、采用主客观结合的综合赋权方式以及兼顾公平原则、效率原则和经济原则的分配优化模型，将最优情景下的河南省工业碳达峰总量分配到各子行业，使减排责任得到进一步的落实，为管理者提供更加明确的减排方案。

第 2 章
相关概念及理论基础

气候变化是目前全球面临的重大挑战，海平面上升、生物多样性减少、自然灾害频发以及环境污染等问题接踵而来，对人类生存发展逐渐造成影响。由此，2016 年全世界 178 个缔约方签署《巴黎协定》，立志于将全球的平均气温增幅控制在 2℃以内，并努力将气温上升幅度限制在 1.5℃以内。我国为积极应对气候变化，提出 2030 年实现碳达峰、2060 年实现碳中和的目标，实现我国绿色低碳可持续发展。目前我国碳排放量仍呈现增长趋势，其主要来源于工业碳排放，而河南省作为我国能源及工业大省，工业碳排放量更是显著，因此本书将研究碳中和目标下河南省工业碳排放的相关内容。本章中，对全书涉及的相关概念及理论基础进行叙述：首先对工业、碳排放、碳中和的概念进行界定；其次介绍了可持续发展理论、绿色低碳经济理论和环境库兹涅茨曲线理论，为后续的研究奠定理论基础。

2.1 相 关 概 念

2.1.1 工业

18 世纪蒸汽机的改良使用显示着工业革命的到来，以机器为生产方式逐渐取代以手工技术为基础的工场手工业，从而工业才得以从农业中分离出来成为一个独立的物质生产部门。19 世纪末至 20 世纪初，随着科学技术的不断进步，开始进入现代工业的发展阶段。工业是加工制造产业，主要指的是对自然资源的开采以及对各种原材料进行加工使用的社会物质生产部门。工业是采用现代化生产手段的部门，是国民经济中最重要的物质生产部门之一，决定着国家经济发展现代化的速度、规模和水平，在世界各国经济中起主导作用，是国家财政收入的主要来源，为国家经济、政治独立自主提供根本保证。工业是第二产业的主要组成部分，2014 年，中国凭借 4 万亿美元的工业生产总值超过美国成为世界头号工业生产国，工业目前在我国三次产业占比中仍占据主要地位，于河南省来说，河南省是农业工业大省，工业生产持续增长，在全国的增速排序中位居前列。

2.1.2 碳排放

碳排放是温室气体排放的一个总称，是人类生产经营活动过程中向外界排放温室气体（主要是二氧化碳，也包括甲烷、氧化亚氮、氢氟碳化物、全氟碳化物、六氟化硫、三氟化氮等）的过程。由于温室气体中最主要的气体是二氧化碳，故通常将碳排放理解为二氧化碳排放。化石能源的主要成分是有机碳氢化合物，在能源使用消耗中会产生一氧化碳、二氧化碳和碳烟及颗粒物等污染物的排放，这也是碳排放的主要来源。据联合国政府间气候变化专门委员会的统计显示，由于人类活动燃烧化石燃料每年所产生的二氧化碳变化约为 237 亿吨，如今大气中二氧化碳水平较过去 65 万年升高了 27%。

2018 年，中国总碳排放量约为 10313460 千吨，是世界上碳排放量最大的国家，工业能源消费占全国能源消费总量的 70% 以上，2000 ~ 2014 年，我国工业能源消费从 10.3 亿吨标准煤增长到 29.6 亿吨标准煤，煤炭在能源结构中占比约 70%，工业煤炭消耗占全国的 46%，且以煤为主的能源结构短期难以得到改变，工业化石能源碳排放占全国碳排放的 70%，占工业碳排放总量的 85% 以上。对于河南省来说，河南省工业发展产业结构偏重、能源结构偏煤，工业生产会产生更高的碳排放。

2.1.3 碳中和

碳中和是指企业、团体或个人测算在一定时间内直接或间接产生的温室气体排放总量，然后通过植树造林、节能减排等形式，抵消自身产生的温室气体排放量，实现温室气体"零排放"，以应对气候变化为主要目标的《巴黎协定》代表了全球绿色低碳转型的大方向。为呼应《巴黎协定》提出的 1.5℃温控目标，巴黎会议之后各国纷纷提出碳中和愿景目标。在 2017 年 12 月"同一个地球"峰会上，29 个国家签署了《碳中和联盟声明》，承诺 21 世纪中叶实现零碳排放。

从全球来看，2020 年是碳中和元年，各个国家开始提出碳中和目标并开始实施。中国作为大国，同样也要积极响应，努力发挥引领者作用。同年，国家主席习近平在第七十五届联合国大会一般性辩论上发表重要讲话，提出要加快形成绿色低碳发展生活方式，建设生态文明和美丽地球，二氧化碳排放争取 2030 年前达到峰值，争取 2030 年前实现碳中和。在 2021 年的世界经济论坛中，我国再次提议将全面落实可持续发展议程，并在 3 月全国人民代表大会第四次会议中制定 2030 年碳达峰行动方案。2021 年 10 月，中共中央、国务院正式发布《关于完整准确全面贯彻新发展理念做好碳达峰碳中和工作的意见》，对碳达峰碳中和工作作出了系统谋划，明确总体要求。

2.2 理 论 基 础

2.2.1 可持续发展理论

20 世纪 60 年代以后，公害问题的加剧和能源危机的出现使人们意识到忽略社会和环境只顾着谋求发展会给地球和人类生存带来灾难。源于此，可持续发展的思想在 80 年代逐步形成，该词最早出现于 1980 年由国际自然保护同盟制定的《世界自然保护大纲》中，于 1987 年在联合国大会公布的报告《我们共同的未来》中正式被提出。可持续发展理论指的是在满足当代人生活需要的前提下，又不对后代人的生存发展构成危害，始终坚持公平性、持续性和共同性这三项基本原则，从而达到高效、多维、协调、公平和共同的发展。可持续发展主要包含两个关键部分：需要和对需要的限制，重点在于对需要的限制，人类对生态环境以及资源的使用要在地球所能提供的范围之内或者说要给予地球一定的休养生息的时间，如果人类需求超过了地球所能承受的范围，将会对支持地球生命的自然系统造成破坏，最终将会影响人类的生存，因此我们要关注的是目光要放长远，不能为了短期生存而将自然资源消耗殆尽。

我们实施可持续发展主要是关于经济、生态和社会三方面的协调统一，这就要求人类在追求发展的时候注重经济效率、关注生态和追求社会公平，从而实现人的全面发展。我们要记住可持续发展并不是否定经济增长，而是以自然资源为基础，与环境承载能力相协调，以提高生活质量为目标，与社会进步相适应，在认可自然环境的价值的基础上培育新的经济增长点。可持续发展理论的三个基本特征为：（1）可持续发展鼓励经济增长，必须要通过发展经济来不断提高人们的生活水平和福利待遇，增强国家财力和社会财富，但是要注重经济增长的质量；（2）可持续发展的标志是持续使用和健康的生态环境，经济的发展不能超过资源和环境的承载能力，可再生资源的使用消耗速率要低于资源的再生效率，不可再生资源的利用要能有替代资源的补充，使资源能继续形成闭合圈；（3）可持续发展的目标是追求社会的全面进步，发展不仅是经济得到了增长，也包括人类生活质量得到改善，人类所居住的环境健康优美低污染和健康生活，居住在一个自由平等和谐友爱的社会环境之中。

目前，河南省工业消耗仍以化石能源为主，这也是造成碳排放高的主要原因。在 2030 年碳达峰的目标下，为了实现可持续发展，河南省要提高资源的利用效率，淘汰落后产能，及早完成对制造业的升级改造。因此，在工业生产中要减少对不可再生资源的使用，建立良性的使用过程，发展太阳能和风能等新能源的使用，在可持续发展理论下完成河南省工业碳中和的目标。

2.2.2　绿色低碳经济理论

在可持续发展理论之后，绿色经济和低碳经济理论也逐渐被广泛提出，随着全球注重生态环境开始实施低碳减排后，二者则被联合提出，由此便出现了绿色低碳经济理论。绿色经济于 1989 年在英国经济学家皮尔斯的《绿色经济蓝皮书》中首次被提出，指的是以市场需求为导向、传统产业经济为基础，以经济和环境和谐发展为目的的一种新型经济形式，是产业经济适应人类环保健康可持续发展而产生的一种发展状态。绿色经济主要以资源节约和环境友好为主要内容，是资源消耗低、高产品附加值以及低环境污染的一种经济形态。经济发展必须在自然环境和人类自身可承受范围内，不能因为盲目追求经济利益而造成社会分裂和生态问题。早在第一次工业革命和第二次工业革命期间，由于粗放式生产以及人们只顾追求社会发展从而忽视生态环境问题，造成环境污染严重，影响人类可持续长远发展，绿色经济的发展就是对这种传统经济发展模式的否定。健康的绿色经济是以环境和生态作为经济发展的基石，从长远视角强调生态环境和资源的再生利用，始终坚持"绿水青山就是金山银山"的思想理念。

低碳经济是减少高碳能源消耗的经济发展模式，最早在 2003 年于英国能源白皮书《我们能源的未来：创建低碳经济》中被首次提出，人类发展从农业文明走向现代工业文明。化石能源的使用造成严重的环境污染，如废气污染、水污染和酸雨等，在此背景下形成低能耗和低污染的经济理论已成为全球热点，低碳经济是经济发展和人类思想文明达到一定程度的产物，其指的是在经济发展过程中考虑经济发展带来的生态环境代价以及治理污染所造成的社会经济成本和最终收益可持续发展的经济。发展低碳经济的主要内容就是降低碳排放量，而河南省工业碳排放居高不下且对化石能源依存度高，在国家提倡低碳绿色可持续发展的政策下，不断技术创新提高资源利用率、优化能源结构等方式，尽可能减少河南省工业行业对煤炭和石油的使用，增加对风能、太阳能等清洁能源的使用。

之前单提绿色经济和低碳经济，现在更多将其二者联系起来。随着"双碳"目标的提出以及建立美丽中国的号召，党的十九届五中全会把加快推进绿色低碳发展纳入新阶段发展蓝图中。绿色低碳发展针对我国当今社会发展现状所提出的新理念，目的在于实现人与自然和谐共生、促进人与自然和谐发展。为更好地满足人民日益增长的美好生活的需求，我们国家需要高质量发展，而绿色低碳发展则是高质量发展的重中之重，因此，我们需要通过绿色低碳发展来解决工业文明带来的矛盾，更好地应对气候变化和产能过剩问题，开拓生态良好的绿色发展道路，早日实现碳达峰的目标。实施绿色低碳经济理论对河南省工业绿色发展产生深远影响，有利于转变河南省工业高能耗、高污染、高排放的粗放发展模式，有利于推动河南省经济集约式发展和可持续增长。

2.2.3 环境库兹涅茨曲线理论

1991 年，美国经济学家格鲁兹曼和克鲁格（Krueger）在对北美自由贸易区谈判的过程中，担心自由贸易会对美国本土环境产生影响而首次实证研究环境质量和人均收入之间存在的关系，提出了污染和人均收入之间的关系：在低收入水平上污染随着人均国内生产总值的增加而上升，在高收入水平上污染随着国内生产总值的增长而下降。1992 年，世界银行发布的以发展与环境为主题的《世界发展报告》中扩大了环境质量和收入关系的研究。1993 年，潘纳约托（Panayotou）借用 1955 年库兹涅茨界定的人均收入和收入不均等之间的倒"U"型曲线，首次将以这种环境质量和人均收入之间的关系称为环境库兹涅茨曲线（EKC）（见图 2.1）。EKC 显示环境质量开始随着收入的不断增加而退化，收入水平上升到一定程度后随着收入的增加而有所改善，即环境质量和收入之间是倒"U"型关系。

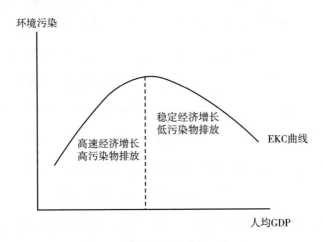

图 2.1　环境库兹涅茨曲线（EKC）

随着学者研究的不断深入以及结合我国实际情况来分析，发现我国工业二氧化碳库兹涅茨曲线（CKC）呈"N"型，而不是传统的倒"U"型，也就是说二氧化碳排放与人均收入在倒"U"型走势之后又出现了新的拐点。布鲁恩和奥普舒尔（Bruyn and Opschoor）指出，从长期视角来看，随着技术不断进步和结构变化速度不够快等因素的影响，最终会使环境与经济增长之间进入一个重组期。弗里德尔和盖茨纳等（Friedl and Getzner et al.）学者也通过大量实证研究得出该结论。导致该现象出现的原因主要在于在经济发展的同时，去污染化没得到足够重视，污染物排放的增速比经济增长的速度更快，从而产生新的组合，同时技术和经济发展情况影响能源的使用效率，由此环境压力与经济脱钩并不会持续很长时间，将在下降后出现重组，因此，污染物排放和人均收入之间的关系呈现"N"型。

随着全球变暖以及自然灾害频发，环境库兹涅茨曲线理论又被广泛研究，经济增长与环境污染之间存在的问题又被广泛关注，碳排放作为环境污染的主要来源，更是有众多学者开始研究，逐渐形成了碳库兹涅茨曲线理论。虽然中国工业二氧化碳库兹涅茨"N"型形态难以改变，但随着制度完善以及技术创新，将会最大程度上降低环境污染的峰值。近年来，河南省工业紧跟国家低碳绿色可持续发展政策，大力发展太阳能、风能等清洁能源，降低煤炭等化石能源的使用，根据 CKC 以及 2030 年整体碳达峰的目标，河南省工业一定能如期或提前完成目标并实现最优减排路径。

2.3　研究方法

2.3.1　碳达峰预测方法

在我国发布 2030 年碳排放量达到峰值，2060 年实现碳中和的基本目标之后，《中华人民共和国国民经济和社会发展第十四个五年规划和

2035 年远景目标纲要》明确指出，实施以碳强度控制为主、碳排放总量控制为辅的制度，支持有条件的地方和重点行业、重点企业率先达到碳排放峰值。全国各地都陆续公布了各自关于实现双碳目标工作的纲领性文件。碳排放峰值的预测对实现双碳目标起到举足轻重的作用，将对今后社会的经济绿色低碳可持续发展发挥重要作用，并且对我国实现双碳目标的总体发展起到规划和借鉴作用。有效的碳达峰预测可以清晰地显示我国碳排放量的变化趋势以及从现在起到 2030 年我国将如何控制各行各业的碳排放量，怎么做才能最好最快地实现国家低碳排放的目标。同时，碳达峰的预测是为了更好地决策，2030 年碳达峰是中国能源发展中的关键点，是实现绿色低碳可持续发展的重要转折，是我国实现经济能源生态环境可持续发展的重要里程碑，对我国生态文明建设具有重要意义。因此，碳排放峰值的预测是十分重要的，我国目前只提出了明确的峰值目标，但是没有明确具体的碳排放量达峰的峰值水平范围。在不同发展情景下对我国碳排放量的峰值进行预测，其主要目的在于预测分析在各种可能出现的情况下，中国碳排放达峰时间以及达峰时峰值量是多少。可以从各个区域或行业视角进行预测，从而为碳减排制定科学合理的决策方案。本书将区域和行业结合起来，对河南省工业碳排放峰值进行时间预测以及峰值量预测，对预测出来的结果进行一系列分析，从而得出为实现碳排放量达峰的最优路径，并提供相关的可行性建议。

碳达峰预测可使用的方法众多，对于碳达峰预测，学者通常先通过因素分解得出影响碳排放量的指标，经常使用的方法就是 LMDI 模型（对数平均迪氏指数法）、GDIM 模型（广义迪氏指数分解法）、Kaya 恒等式和 SDA 法（结构分解法）。如岳书敬等采用对数平均迪氏指数因素分解法定量分析确定了影响长三角城市群碳排放量的主要因素，包括人口规模效应、人均产出效应、产业结构效应和工业碳强度效应。徐国泉等基于二阶段 LMDI 模型对江苏省的碳排放影响因素进行研究分析，得出能源结构、能源效率、产业结构以及经济发展对碳排放量产生较重要影响。马晓君等使用广义迪氏指数分解法（GDIM）对中国工业碳排放进行因素分解，将工业碳排放的变化分解为 10 个影响因素，其中：有 4 个绝对影响因素，分别为产出规模变化、能源消费规模变化、人口规模变化和技术进步变化；有 6 个相对影响因素指标，分别为工业发展的低碳程度变化、工业能源消费碳强度变化、人均碳排放变化、工业技术进步碳强度变化、人均工业增加值变化和能源强度变化。钱敏等基于 GDIM 对陕西省的工业碳排放影响因素进行研究分析，将碳排放分解为 8 种影响因素，即经济水平、能源消耗、工业从业人数、单位国内生产总值的碳排放量、消耗单位能源产生的碳排放量、工业人均碳排放量、工业人均国内生产总值和生产单位国内生产总值所消耗的能源。潘晨等基于消费视角下对中国各省份碳排放驱动因素进行研究，使用 Kaya 恒等式对其影响因素进行分析，在基于 Kaya 恒等式所含的能源消费强度、人类生活相关的单位能耗碳排放系数、人均国内生产总值和人口外，还增加了能源结构和产业结构 2 个影响因素。张炎治等基于 SDA 对中国碳排放增长的多层递进动因进行分析研究，得出主要影响碳排放量变化的因素为能源结构效应、综合能源效率效应、部门联系效应、需求结构效应和需求规模效应。

在得出碳排放量的影响因素之后，就要进行碳排放量的预测。目前学者主要使用的方法是 LEAP 模型、LSTM 神经网络模型、情景分析法、蒙特卡洛模拟、STIRPAT 模型预测和经济—能源—环境一般均衡模型。如吴唯等基于 LEAP 模型在不同情景下对浙江省碳排放量进行预测，得出预测后的碳排放量，为浙江省提供低碳发展路径。黄莹等以广州市为例，基于 LEAP 模型对城市交通低碳发展路径进行研究分析，在设置不同情景下如政策情景和绿色低碳情景等，模拟不同发展情况下广东的能源消费需求以及碳排放的变化趋势。在 LEAP 模型之后，部分学者还对 LEAP 模型进行完善，从而出现了 RICE – LAEP 模型。洪竟科等基于 RICE – LEAP 模型分析了多情景视角下中国碳达峰路径模拟，在各种情景下动态模拟了我国的碳达峰路径并得出在碳排放约束情景下，我国碳排放将于 2033 年实现达峰，在供给侧结构性改革情景下，我国将实现 2030 年前达峰，并且峰值会进一步降低。胡剑波等基于 BP – LSTM 神经网络模型实证分析对我国工业碳排放达峰进行预测，得出我国工业碳排放量在 2026 年达到峰值，然后在一段时间内会保持较高水平但低波动状态。马海良等基于情景分析法对中国碳排放分配进行预测。赵亚涛等基于情景分析法对煤电行业碳排放峰值进行预测，该文建立电力消费、国内生产总值和人口三个指标之间的回归模型进行预测，再利用情景分析法对碳排放量进行预测。李坦等使用蒙特卡洛模拟对安徽省能源消费碳排放进行预测，得出安徽省减排现状与减排目标存在差距，仍需进一步通过政策激励、技术进步以及加大对碳减排的控制才能实现目标。兰延文等用蒙特卡洛分析法研究了河南省碳排放达峰情景分析，将情景分析和蒙特卡洛分析法两者结合从动态和静态两方面进行预测，通过不同情景下预测碳排放量达峰时间以及峰值，从而为河南省低碳经济发展提供建议。赵慈等基于 STIRPAT 模型对浙江省碳排放峰值进行预测分析，无论在哪种情景下，浙江省都能在 2030 年前实现碳达峰，强化低碳情景下最早实现峰值时间为 2023 年。刘茂辉等基于 LMDI 模型和 STIRPAT 模型对天津市碳排放量进行分析，碳达峰是否实现受制于不同情景影响，如基准情景下无法如期实现碳达峰，在低碳情景和超低碳情景下都能如期实现碳达峰。

碳排放分解因素以及碳达峰预测可使用方法较多，本书为了更准确地确定河南省工业碳排放的影响因素，将采用 Kaya 恒等式与 LMDI 模型相结合的方式构建因素分解模型。在众多模型中选择将这两种模型相结合用于河南省工业碳排放研究，是基于这两种模型的可取之处：Kaya 恒等式是现在分析碳排放影响因素的主流方法之一，在解释全球历史碳排放变化方面起到重要作用，它不仅可以对碳排放总量进行因素分解，还可以精确地将各影响因素的贡献精确量化，同时，它还有数学形式简单易操作、对影响碳排放量的因素解释力强和可以分解无残差等优点，基于此研究低碳可持续发展是十分便捷的；LMDI 模型具备许多优良的特点而被广为推广和使用，它不仅能够消除不能解释的残差项，还可以处理数据中出现的 0 值问题，且该方法计算过程简单以及分解出来的结果更直观，从而使模型结果更具有说服力。将这两个模型进行结合，可以互相弥补各自的缺陷，从而使得出的影响因素更精确。本书基于这两种模型，得出河南省能源消耗产生的碳排放量被分解为碳排放系数、能源结构、能源强度、产业结构、经济发展水平以及人口规模这 6 种效应的共同作用结果。确定了影响因素之后，将对碳排放量进行预测，本书选取 STIRPAT 模型对河南省工业碳排放量进行预测。迪茨（Dietz）将环境影响评估模型进行修正，从而成为可拓展性的随机性的环境影响评估模型，该模型的优点在于可以把人口、技术和财富这三方面进行再细分，函数指数的引用使得该模型可以用于人文因素对环境的非等比例影响的分析，同时将等式两边取对数，将模型转化为线性回归模型，这样能够减弱各变量指标数据中存在的异方差现象。

2.3.2　碳排放配额分配方法

为在 2030 年前实现碳达峰、2060 年前实现碳中和的目标，本书先对河南省工业碳排放量的峰值进行预测，从而根据峰值量来制定相关计划，如在碳排放量一定的基础上，如何给河南省工业企业进行分配以及怎么分配的问题，这就涉及碳配额的分配，制定正确且适合河南省地情的碳配额分配方法有利于河南省工业经济的可持续性增长以及高质量发展，还有利于社会稳定以及保障百姓就业。因此，碳配额如何合理分配是至关重要的。碳配额指的是按照国家规定须完成的碳排放指标，而碳配额分配就是将这些指标按照一定分配准则，将其定量分配给各个企业。在计算碳配额分配时，学者们常采用以下几种方法：熵权法、数据包络分析模型（DEA）、TOPSIS 综合权重法和最大偏差法（MDM）等。如丁明磊等用熵权法对郑州的工业行业碳排放进行配额分配模拟，得出电力、热力和供应业获得最多的配额，不足之处是未考虑区域之间以及行业内部不同企业的碳配额。因此，本书借此经验对河南省工业行业的碳配额分配进行了"区域—行业—企业"多层次的配额分配的研究方案。潘险险等基于熵权法及主客观赋权法对电力行业碳排放分配方案进行研究。冯晨鹏等基于 DEA 模型对浙江省区域碳排放配额进行研究。冯青等基于 DEA 研究方法对我国各省区碳排放分配额进行研究。在学术界的不断发展下，有学者提出了零和博弈 DEA 模型（ZSG – DEA）。李泽坤等基于 ZSG – DEA 模型对浙江省 2030 年碳排放配额进行分析，得出宁波市的碳排放额最多，最少的是丽水市。张继宏等基于 TOPSIS 综合评价法对中国制造业碳减排责任进行分配研究。李等（Li et al.）基于最大偏差法对珠三角地区二氧化碳排放配额进行分配。

　　本书在对河南省工业碳排放配额进行分配研究时，基于层次分析法、熵权法和 TOPSIS 综合权重等方法计算出各子行业的初始配额，再利用 ZSG - DEA 模型对初始分配方案的效率进行测度和优化，得到一个效率优化后的再分配方案，并通过环境基尼系数和 NDDF 模型对分配方案进行定量评价，从而得出更合理可行的配额分配方案。这些研究将有利于河南省工业的长久发展以及经济的持续绿色低碳增长。

第3章
河南省经济水平和能源消费
发展现状分析

河南省是中国重要的人口、农业、工业及能源消费大省，其经济发展的优势也很明显。碳中和战略的实施对推动河南省经济绿色低碳高质量发展、促进中国2060年碳中和愿景的实现具有重要意义。但长久以来煤炭主导的较单一能源结构导致河南省面临碳排放基数大、生态治理形势严峻、能源对外依存度持续增长和可再生能源开发程度低等关键问题。2021年，河南省提出"十四五"现代能源体系和碳达峰碳中和规划，这是推进河南省碳达峰、碳中和目标实现的第一个五年规划，同时也是全面推动河南省能源高质量发展所面临的新形势和新挑战。

3.1　河南省经济发展现状

河南省坐落于我国的中东部位置，地处我国沿海开放地域和中西部地域的交汇位置，是我国的经济发展水平由东向西逐步过渡的缓冲地带。河南省下辖 17 个地级市，1 个省直辖县级市。据第七次全国人口普查结果显示，河南省至 2020 年的常住人口为 9900 多万人，相较 2010 年累计增加了 530 多万人，人口增长率为 5.68%。河南省的占地面积为 16.7 万平方千米，横跨黄河、淮河、海河、长江四大河流，是我国重要的经济和农业大省。

3.1.1 河南省经济发展演变趋势

1）河南省生产总值发展演变趋势

河南省 2010～2020 年的生产总值发展变化情况如表 3.1 所示。2010～2020 年河南省生产总值整体呈稳定上升的趋势，从 2010 年的 22655.02 亿元增长到 2020 年的 54997.07 亿元，整体上升 32342.05 亿元。2020 年与 2010 年相比，生产总值增长率在这 11 年时间里达到了 150%，年平均增长率为 15%。

表 3.1　　　　　　　河南省 2010～2020 年生产总值　　　　　单位：亿元

年份	生产总值
2010	22655.02
2011	26318.68
2012	28961.92
2013	31632.5
2014	34574.76
2015	37084.1
2016	40249.34
2017	44824.92
2018	49935.9

续表

年份	生产总值
2019	53717.75
2020	54997.07

资料来源：河南省统计局。

由表 3.1 中数据可作出 2010～2020 年河南省生产总值发展趋势图，如图 3.1 所示。

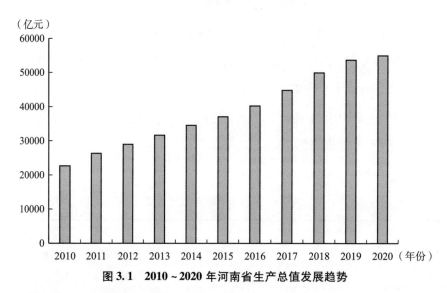

图3.1　2010～2020 年河南省生产总值发展趋势

资料来源：河南省统计局。

2）河南省生产总值增长率发展演变趋势

河南省 2020 年各城市生产总值及 2010～2020 年年均增长率数据如表 3.2 中的数据统计结果所示。可以看出，2020 年河南省各地市的生产总值相比，郑州市的生产总值位于全省各地市中最高，达到 12003.04 亿元，高出各城市的平均值 8948.1 亿元；而济源市的生产总

值仅有 703.16 亿元,低于全省的平均生产总值水平 2351.78 亿元,处
于全省各地市中的最低水平。在这 18 个城市中,生产总值超过了全省
各地市生产总值平均水平的有郑州市、洛阳市、许昌市、南阳市、周
口市这 5 个地市,其余的 13 个地市的生产总值水平都低于全省生产总
值的平均值。通过 2020 年城市生产总值数据可看出,河南省各个城市
之间经济发展水平不平衡,差距依然较大。

表 3.2   河南省 2020 年各城市生产总值及 2010 ~ 2020 年年均增长率

城市	2020 年国内生产总值(亿元)	年均增长率(%)
郑州市	12003.04	0.12
开封市	2371.83	0.10
洛阳市	5128.36	0.08
平顶山市	2455.84	0.07
安阳市	2300.48	0.06
鹤壁市	980.97	0.09
新乡市	3014.51	0.10
焦作市	2123.60	0.06
濮阳市	1649.99	0.08
许昌市	3449.23	0.10
漯河市	1573.88	0.09
三门峡市	1450.71	0.05
南阳市	3925.86	0.07
商丘市	2925.33	0.10
信阳市	2805.68	0.10
周口市	3267.19	0.10
驻马店市	2859.27	0.11
济源市	703.16	0.07
平均值	3054.94	0.16

资料来源:河南省统计局。

　　通过表 3.2 数据, 作图可得 2020 年河南省 18 个城市的生产总值变化以及 2010 ~ 2020 年城市生产总值年平均增长率变化趋势图 (见图 3.2)。通过图 3.2 可以看出, 2010 年以来, 河南省 18 个城市的年均经济发展速度增长较为均衡。计算得到河南省生产总值整体年均增长率为 8.6%, 另外从图 3.2 中可以看出, 年均增长率较大的城市为郑州市, 达到 12%, 较平均值高出 4% 左右; 年均增长率较小的为三门峡市, 达到 5.34%, 较平均值低 3.3% 左右。

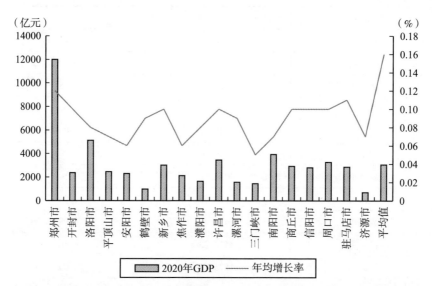

图 3.2　河南省城市生产总值 (2020 年) 及 2010 ~ 2020 年年均增长率发展趋势

资料来源: 河南省统计局。

　　从图 3.2 中还可以明显看出, 这 18 个城市的生产总值年均增长率之间差距较小, 经济发展年均增长速率并无太大差异。但因为各个城市之间经济发展基数不同, 所以尽管年均增速差距较小, 生产总值数值上还是存在明显差异。

3.1.2 河南省产业结构发展演变趋势

1）河南省产业生产总值发展演变趋势

通过上述河南省以及城市经济发展状况的分析可知，2010 年以来，河南省各城市生产总值呈现稳定增长的趋势。近年来，河南省在实现经济增长的同时，其产业体系发生了积极、深刻的结构性改变，产业结构也逐渐呈现向高端化发展的趋势。表 3.3 列出了 2010～2020 年河南省三次产业生产总值的具体数值。

表 3.3　　　　　　2010～2020 年河南省三次产业生产总值　　　　单位：亿元

年份	第一产业	第二产业	第三产业
2010	3127.14	12173.51	7354.38
2011	3349.25	14021.59	8947.84
2012	3577.15	15042.55	10342.21
2013	3827.20	15995.37	11809.92
2014	3988.22	17139.61	13446.93
2015	4015.56	17947.86	15120.68
2016	4063.64	18986.89	17198.81
2017	4139.29	20940.33	19745.30
2018	4311.12	22038.56	23586.21
2019	4635.40	23605.79	26018.01
2020	5353.74	22875.33	26768.01

资料来源：河南省统计局。

从表 3.3 可以看出，2010～2020 年河南省三次产业生产总值都呈现明显上升的趋势。其中,第一产业由 2010 年的 3127.14 亿元上升到 2020 年的 5353.74 亿元,上升幅度约为 71.2%;第二产业由 2010 年的 12173.51 亿元上升到 2020 年的 22875.33 亿元,上升幅度约为 87.9%;第三产业由 2010 年的 7354.38 亿元上升到 2020 年的 26768.01 亿元,上升幅度约为 264%。由此可见,在河南省三次产业中,生产总值上升幅度最大的是第三产业,其次才是第二产业,相比之下,只有第一产业生产总值的增长幅度最小。这一现象表明:随着第一产业和第二产业生产效率的提高,河南省对第三产业的需求增长速度更快一些,使得第三产业有了较大的增长幅度。

2)河南省产业生产总值占比发展演变趋势

表 3.3 表明,2010~2020 年河南省三次产业生产总值均发生了巨大变化,与此同时,三次产业总值占河南省生产总值的比例也发生了较大变化,具体变化趋势见表 3.4,图 3.3 则更为直观地表现出近十年间三次产业占国内生产总值比值变化趋势。

表 3.4　　　　　2010~2020 年河南省生产总值三次产业构成比　　　　单位:%

年份	第一产业	第二产业	第三产业
2010	13.80	53.73	32.46
2011	12.73	53.28	34.00
2012	12.35	51.94	35.71
2013	12.10	50.57	37.33
2014	11.54	49.57	38.89
2015	10.83	48.40	40.77
2016	10.10	47.17	42.73
2017	9.23	46.72	44.05
2018	8.63	44.13	47.23

续表

年份	第一产业	第二产业	第三产业
2019	8.54	43.51	47.95
2020	9.71	41.62	48.75

资料来源：河南省统计局。

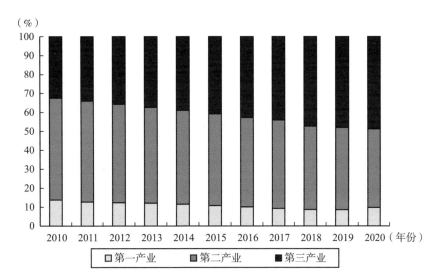

图 3.3 2010~2020 年河南省生产总值三次产业构成比

资料来源：河南省统计局。

通过表 3.4 与图 3.3 结合来看，第一产业占生产总值的比值总体呈现下降趋势，该比值由 2010 年的 13.8% 下降到 2020 年的 9.71%，下降了 4.09 个百分点。第二产业占生产总值的比值由 2010 年的 53.73% 下降到 2020 年的 41.62%，下降了 12.11 个百分点，将第一产业与第二产业进行对比，发现第二产业的产值与全省生产总值的比率下降幅度比较大，也从另一方面表明河南省整体经济实力有所提升。尽管第二产业占比呈现下降的趋势，但是，由于第二产业占生产总值

47

的比值基数大，因此该比值占比仍然偏大，这也表明，河南省工业化程度较高，但是随着产业结构优化与调整，该比重确实有所下降。第三产业占生产总值的比值整体呈现明显上升的趋势，该比值从 2010 年的 32.46% 上升到了 2020 年的 48.75%，上升了 16.29 个百分点，与其他两大产业比较，是唯一一个占比上升的产业。第三产业产值在全省总产值中的占比大幅度提升，表明河南省着力发展了可持续发展能力，且可持续发展能力具有显著提升。综上分析可以看出，2010～2020 年河南省产业结构发生明显变化，且逐渐朝着健康、绿色的方向发展。

3.2 河南省煤消费发展现状

3.2.1 河南省煤消费的各指标变化趋势

2010～2020 年河南省煤炭消费的各指标变化趋势如图 3.4 所示。随着人口规模缓慢增长，自 2014 年以来河南省煤消费量总体呈下降趋势，除 2011 年和 2013 年出现小幅度上升外，其余年份均呈现下降趋势。自 2014 年以来逐年递减，尤其自 2017 年以后，呈现显著下降趋势，年平均下降率约为 5.79%。2010 年以来，河南省煤消费总量从 2010 年的 28602.22 万吨下降至 2020 年的 21349.37 万吨，碳排放量从 2010 年的 15443.46 万吨下降到 2020 年的 11527.37 万吨，2018 年和 2019 年碳排放量下降最为明显，分别下降 1868.68 万吨和 10007.18 万吨，下降率分别约为 12.85% 和 7.96%，11 年间年均降速约为 2.74%，累计减少 3916.09 万吨。

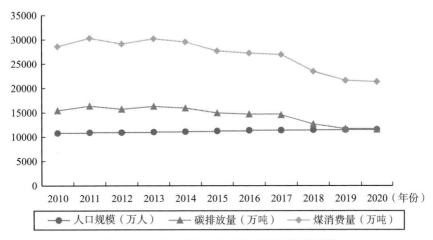

图 3.4　2010～2020 年河南省各指标变化趋势

资料来源：河南省统计局。

3.2.2　河南省各行业消费煤的碳排放量

从表 3.5 中统计的 2010～2020 年河南省三大行业消费煤碳排放量数据可以看到，2010～2020 年采矿业和制造业消费煤的碳排放量均呈现明显下降的趋势。其中，采矿业由 2010 年的 5457.04 万吨下降到 2020 年的 5226.15 万吨，下降了 230.89 万吨；制造业由 2010 年的 4886.62 万吨下降到 2019 年的 4058.71 万吨；只有电力、燃气及水的生产和供应业由 2010 年的 5099.80 万吨上升到 2019 年的 5552.60 万吨。这表明河南省全省的能源消耗情况基本稳定，但其中对清洁能源的消耗呈现稳步增长的状态，说明河南省在能源的绿色转型上的步伐越来越坚定和平稳。

表 3.5   **2010 ~ 2020 年河南省三大行业消费煤碳排放量**   单位：万吨

年份	采矿业	制造业	电力、燃气及水的生产和供应业
2010	5457.04	4886.62	5099.80
2011	5902.82	4303.83	6167.35
2012	5675.24	4013.77	6042.87
2013	6094.55	4089.80	6126.99
2014	6138.33	4240.61	5576.86
2015	5391.87	4346.71	5220.13
2016	5449.06	3941.98	5322.02
2017	5404.94	3734.99	5403.72
2018	3361.37	3838.53	5475.07
2019	3386.31	3190.28	5091.21
2020	3166.26	6046.33	9438.93
平均	5038.89	4239.41	5905.90

    根据表 3.5 作图 3.5，该图详细描述了研究期间采矿业、制造业和电力、燃气及水的生产和供应业三大行业消费煤碳排放量的变动情况。采矿业碳排放量自 2014 年以来有较显著下降，后在 2018 年呈现明显下降趋势，仅 2017 ~ 2018 年就下降了 2043.57 万吨，下降率高达 37.8%，2019 ~ 2020 年也有较明显的下降趋势，下降了 220.05 万吨，下降率为 6.5%。研究期间始端与末端相比，碳排放量减少了 2290.78 万吨，下降率高达 42%。制造业 2010 ~ 2019 年整体呈现下降趋势，下降率高达 34.71%，但 2019 ~ 2020 年有明显起伏波动变化，碳排放量增长了 2856.05 万吨，增长率为 89.5%。电力、燃气及水的生产和供应业消费煤的碳排放量于 2014 年及 2015 年呈现连续下降趋势，后无明

显变化，直至 2019 ~ 2020 年呈现明显增长，碳排放量增长了 4347.72 万吨，增长率高达 85.4%。由此可以看到，2019 ~ 2020 年随着采矿业消费煤的减少，制造业和电力、燃气及水的生产和供应业消费煤明显增加，所产生的碳排放也有明显增长。

图 3.5　2010 ~ 2020 年河南省三大行业消费煤碳排放量

3.2.3　河南省各行业消费煤碳排放量占比

根据年鉴数据统计得到 2010 ~ 2020 年三大行业消费煤碳排放量占比情况，如表 3.6 所示。2010 ~ 2020 年三大行业消费煤的碳排放量占比中，采矿业由 2010 年的 35.34% 下降到 2019 年的 29.02%，下降了 6.32 个百分点；制造业由 2010 年的 31.64% 下降到 2019 年的 27.34%，下降了 4.3 个百分比；只有电力、燃气及水的生产和供应业由 2010 年的 33.02% 上升到 2019 年的 43.63%，上升了 10.61 个百分点。这表明采矿业和制造业正在朝着绿色、新能源的方向发展。

表 3.6 　　　　　2010～2020 年河南省三大行业消费煤碳排放量占比　　　单位：%

年份	采矿业	制造业	电力、燃气及水的生产和供应业
2010	35.34	31.64	33.02
2011	36.05	26.28	37.67
2012	36.07	25.51	38.41
2013	37.36	25.07	37.56
2014	38.47	26.58	34.95
2015	36.05	29.06	34.90
2016	37.04	26.79	36.17
2017	37.16	25.68	37.16
2018	26.52	30.28	43.20
2019	29.02	27.34	43.63
2020	16.98	32.42	50.61

　　根据表 3.6 作图 3.6，该图详细描述了研究期间采矿业、制造业和电力、燃气及水的生产和供应业三大行业消费煤碳排放量占比的变动情况。由图可知，2010～2017 年采矿业和电力、燃气及水的生产和供应业占比相差较小且无明显波动变化，制造业占比在此期间一直最小，但自 2018 年以来，三大行业碳排放量占比产生了巨大变化，电力、燃气及水的生产和供应业的占比大幅度增加，成为占比最大的行业，到 2020 年占比已经超过 50%，采矿业和制造业占比仅为 25%～30%。这表明"十三五"规划对能源消费以及结构改革具有重大意义。

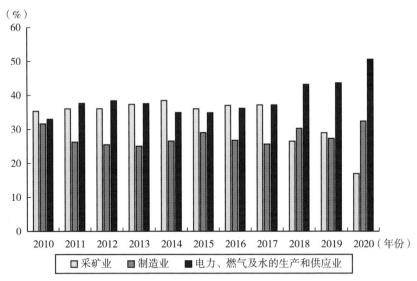

图 3.6　2010～2020 年河南省三大行业消费煤碳排放量占比

3.3　河南省石油消费发展现状

3.3.1　河南省石油消费的各指标变化趋势

2010～2020 年石油相关研究各指标变化趋势图如图 3.7 所示。由图 3.7 可知，随着人口规模缓慢增长，碳排放量和石油消费量于 2012 年有明显上升趋势，上升率约为 19.56%，但在 2012～2015 年呈现连续下降趋势，总下降率约为 36.17%，平均下降率为 13.60%。碳排放量于 2014～2015 年下降了 153.79 万吨，但于 2017～2018 年又有显著上升趋势，上升率约为 25.57%。2015～2020 年石油消费量以及碳排放量出现波动起伏形态，但整体呈现上升趋势，并在 2020 年消费石油产生的碳排放量达到 745.3 万吨。

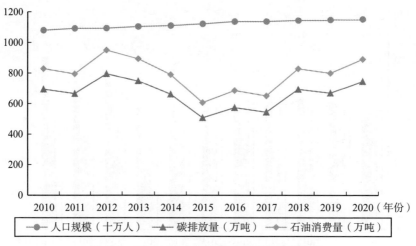

图 3.7   2010 ~ 2020 年河南省各指标变化趋势

资料来源：河南省统计局。

3.3.2   河南省各行业消费石油的碳排放量

从表 3.7 中的 2010 ~ 2020 年河南省三大行业消费石油碳排放量统
计数据可以看到，2010 ~ 2020 年采矿业消费石油的碳排放量呈现下降
的趋势，尤其自 2016 年以来更是呈现剧烈下降趋势，由 2010 年的
131.37 万吨下降到 2020 年的 6.8 万吨，下降了近 125 万吨；制造业于
2012 ~ 2015 年呈现逐渐下降趋势，下降了约 270 万吨，后于 2015 ~
2018 年又呈现明显上升趋势，上升了近 304 万吨，2019 ~ 2020 年又呈
现较明显的上升趋势，上升了近 221 万吨，增长率约为 35%。

表 3.7   **2010 ~ 2020 年河南省三大行业消费石油碳排放量**   单位：万吨

年份	采矿业	制造业	电力、燃气及水的生产和供应业
2010	131.37	562.27	0.07
2011	128.93	535.89	0.03

年份	采矿业	制造业	电力、燃气及水的生产和供应业
2012	143.50	651.39	0.03
2013	137.76	610.11	0.01
2014	124.15	537.00	0.01
2015	125.22	382.14	0.02
2016	71.65	501.79	0.00
2017	27.07	517.18	0.00
2018	7.66	685.77	0.00
2019	7.44	661.62	0.00
2020	6.80	882.59	0.00
平均	82.87	593.43	0.02

图 3.8 中详细描述了研究期间采矿业、制造业和电力、燃气及水的生产和供应业三大行业消费石油的碳排放量变动情况。采矿业消费石油产生的碳排放量自 2015 年以来呈现明显连续下降趋势，仅于 2015～2017 年下降了 98.15 万吨，2015～2020 年平均下降率高达 38%；制造业消费石油产生的碳排放量于 2011～2012 年呈现显著上升趋势，上升量约为 115.49 万吨，上升率为 21.55%，后于 2012～2015 年呈现连续下降趋势，年平均下降率约为 15.72%，下降的碳排放量高达 269.25 万吨，但 2015～2018 年又呈现连续上升趋势，年平均上升率约为 22.30%，上升的碳排放量高达 303.64 万吨，于 2019～2020 年又呈现明显上升趋势，上升率约 35%；电力、燃气及水的生产和供应业消费石油产生的碳排放量自 2010 年以来一直都非常少，该行业不为消费石油的主要对象。

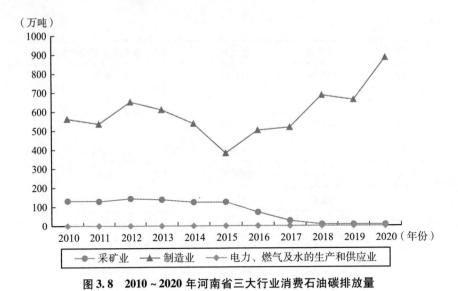

图 3.8　2010～2020 年河南省三大行业消费石油碳排放量

3.3.3　河南省各行业消费石油碳排放量占比

从表 3.8 可以看出，2010～2020 年三大行业消费石油的碳排放量占比中，采矿业由 2010 年的 18.94% 下降到 2019 年的 1.11%，下降了 17.83 个百分点；制造业由 2010 年的 81.05% 上升到 2019 年的 98.89%，上升了 17.84 个百分点；只有电力、燃气及水的生产和供应业的占比无明显波动变化。

表 3.8　　　　　2010～2020 年三大行业消费石油碳排放量占比　　　　单位：%

年份	采矿业	制造业	电力、燃气及水的生产和供应业
2010	18.94	81.05	0.01
2011	19.39	80.60	0.01
2012	18.05	81.94	0.00
2013	18.42	81.58	0.00

续表

年份	采矿业	制造业	电力、燃气及水的生产和供应业
2014	18.78	81.22	0.00
2015	24.68	75.32	0.00
2016	12.49	87.51	0.00
2017	4.97	95.03	0.00
2018	1.11	98.89	0.00
2019	1.11	98.89	0.00
2020	0.76	99.24	0.00

根据表 3.8 作图 3.9，该图详细描述了研究期间采矿业、制造业和电力、燃气及水的生产和供应业三大行业消费石油的碳排放量占比的变动情况。由图可知，2010～2015 年采矿业的占比均稳定保持在 20% 左右，无较大波动变化，但在 2016～2018 年占比程度呈现显著下降趋势，年均降幅约在 68.94%；制造业在 2010～2015 年占比均稳定保持

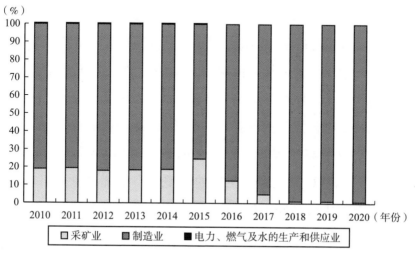

图 3.9 2010～2020 年河南省三大行业消费石油碳排放量占比

在80%左右，无较大波动变化，到2019年时占比与2018年持平，但整体于2015~2020年占比程度呈现上升趋势，总体增幅约为32%；电力、燃气及水的生产和供应业占比微乎其微。由此可知，近年来消费石油的行业中，采矿业占比与日俱减，制造业占比与日俱增，到2020年制造业在消费石油碳排放占比中近乎占据了全部。

3.4　河南省天然气消费发展现状

研究期间天然气消费的各指标变化趋势如图3.10所示。随着人口规模缓慢增长，除2013~2014年与2019~2020年有小幅度下降以外，天然气的消费量以及产生的碳排放量整体呈现逐年上升趋势，在整个研究期间内，河南省天然气消费量从2010年的644.78万吨上升到2020年的1347.84万吨，总体上升703.06万吨。消费天然气所产生的碳排放量始末年间总上升382.72万吨，总体上升率为109%，年均上升率为8%。天然气是最清洁低碳的化石能源，将在全球能源绿色低碳转型中发挥重要作用。以上数据直观地表现了我国深入贯彻绿色发展的理念，大力推动能源绿色低碳转型，推进清洁能源的使用。当前及未来较长时期，我国能源发展进入增量替代和存量替代并存的发展阶段，包括天然气在内的化石能源，既是保障能源安全的"压舱石"，又是高比例新能源接入的新型电力系统下电力安全的"稳定器"。构建以新能源为主体的新型电力系统的重要组成部分，是助力能源碳达峰，构建清洁低碳、安全高效能源体系的重要实现途径之一。

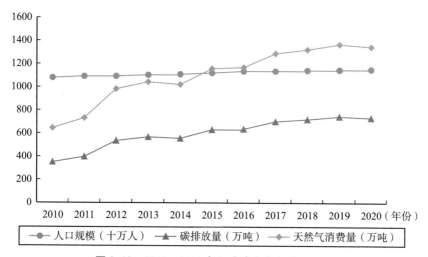

图 3.10　2010～2020 年河南省各指标变化趋势

资料来源：河南省统计局。

第 4 章
河南省工业碳排放的时空
演化分析

4.1 碳排放数据来源与计算

我国目前碳排放量大多来自能源消费,大多专家学者以行业能源消费总量所产生的碳排放量作为实际的碳排放量核算。本章的计算基于《2006 年 IPCC 国家温室气体排放指南》一文中提出的碳排放数据计算公式模型,具体公式为:

$$C_{total} = \sum_{kind=1}^{i} E_{kind} \times S_{factor} \times C_{factor} \tag{4.1}$$

其中, C_{total} 表示碳排放总量, i 表示需要统计的能源种类, E_{kind} 表示某种类能源的消费量, S_{factor} 表示某能源转换成标准煤的系数, C_{factor} 表示碳排放的系数。

根据《中国能源统计年鉴》对工业行业能源消费总量进行数据统计,根据 IPCC 指南所提供的方法,利用各类能源的净发热值核算其二氧化碳总排放量，各类能源的碳排放因子以 *KG/TJ* 为单位，以及《河南统计年鉴》中的省内工业行业能源消耗数据，利用公式（4.1），将能量单位转化为标准煤，然后分别计算出河南省工业行业使用的各种类型的能源消耗，以及对应产生的碳排放总量。主要能源的折算标准煤系数和对应的碳排放系数如表4.1所示，表格中计算用到的数据都来自《中国能源统计年鉴》。

表4.1　　　　　　　　主要能源标准煤折算系数和碳排放系数

能源种类	标准煤折算系数	碳排放系数
原煤	0.7143 万吨标准煤/万吨	0.7559 万吨碳/万吨标准煤
焦炭	0.9714 万吨标准煤/万吨	0.8550 万吨碳/万吨标准煤
原油	1.4286 万吨标准煤/万吨	0.5857 万吨碳/万吨标准煤
柴油	1.4571 万吨标准煤/万吨	0.5921 万吨碳/万吨标准煤
燃料油	1.4286 万吨标准煤/万吨	0.6185 万吨碳/万吨标准煤
热力	0.003412 万吨标准煤/万吨	0.3412 万吨碳/万吨标准煤
电力	1.2290 万吨标准煤/万吨	0.6800 万吨碳/万吨标准煤

资料来源：《2006年IPCC国家温室气体排放指南》。

　　本章以《河南统计年鉴》中的2010～2020年的工业行业能源消费总量为研究数据，根据上述《中国能源统计年鉴》中的折算系数核算河南省2010～2020年工业行业的碳排放总量，计算结果如表4.2所示。

表 4.2　　2010～2020 年河南省工业企业能源消费碳排放量核算结果

单位：万吨

年份	碳排放量合计
2010	17413.67
2011	20221.07
2012	19494.80
2013	20132.11
2014	19734.35
2015	18587.41
2016	18286.97
2017	17938.23
2018	16254.03
2019	15123.62
2020	15098.56

资料来源：河南省统计局。

　　此外，各地市工业行业能源消费碳排放量核算结果如表 4.3 所示。

　　整体来看，2010～2020 年省内大部分城市工业行业的碳排放量水平波动较小，空间特征分布稳定，如郑州市、安阳市、洛阳市、平顶山市，碳排放量较高，近 10 年河南省内工业碳排放重心空间分布稳定，省内整体碳排放量逐年降低，较低碳排放量城市的数量也有所提升。

表4.3 2010～2020年河南省各地市工业能源消费碳排放量核算结果

单位：万吨

年份	郑州市	开封市	洛阳市	平顶山市	安阳市	鹤壁市	新乡市	焦作市	濮阳市	许昌市	漯河市	三门峡市	南阳市	商丘市	信阳市	周口市	驻马店市	济源市
2010	1896.15	353.74	1688.68	1138.78	1521.50	505.48	965.52	1199.90	600.64	706.71	335.78	809.86	764.77	589.62	476.71	246.04	343.81	583.25
2011	2084.13	413.53	1825.92	1323.53	1534.30	512.23	1044.41	1148.99	630.78	715.64	341.30	916.51	821.68	632.35	496.53	240.82	462.94	636.65
2012	2138.53	372.02	1621.84	1170.08	1424.63	425.31	961.43	989.84	595.74	812.39	317.92	870.27	867.26	594.79	493.54	175.67	504.27	682.26
2013	2268.31	470.59	1615.69	1194.83	1591.87	399.69	984.47	982.85	582.15	800.84	281.12	898.45	834.80	634.13	499.82	151.65	505.84	750.11
2014	2123.38	544.11	1598.49	1119.09	1690.93	372.74	1011.69	977.98	547.45	754.57	284.57	959.90	842.54	595.69	517.99	135.87	518.75	779.86
2015	1962.91	510.24	1595.37	1084.04	1706.82	334.51	1093.36	1032.72	461.82	680.37	266.01	982.11	795.77	551.72	519.51	126.77	512.93	725.69
2016	1785.32	524.38	1512.97	1040.17	1656.99	356.98	1016.94	1075.90	477.29	633.06	275.58	943.61	745.83	506.04	528.62	129.67	453.57	733.91
2017	1731.81	476.49	1570.19	1059.86	1470.53	340.62	978.97	1093.82	467.36	537.95	252.90	890.57	697.14	518.91	488.61	124.31	450.28	707.13
2018	1554.24	428.21	1503.37	1156.47	1594.19	379.59	960.68	1087.63	592.12	414.56	233.75	870.45	667.88	679.39	445.31	86.30	466.59	768.80
2019	1371.23	309.74	1338.52	1042.93	1537.85	454.36	901.85	1011.06	567.30	405.37	222.45	691.27	674.15	715.71	429.33	166.03	424.02	725.57
2020	1344.09	419.16	1300.17	1002.25	1565.91	452.28	952.39	1051.06	551.88	428.37	304.40	607.21	735.80	722.01	424.41	178.20	413.43	712.12

4.2　河南省工业碳排放的时间变化特征

4.2.1　河南省工业碳排放总量及时间变化特征

将 2010～2020 年的工业行业能源消费总量数据代入公式（4.1）中，核算出 2010～2020 年河南省的工业碳排放总量如表 4.4 所示、下降率如图 4.1 所示。根据数据可以看出，2010～2020 年，河南省工业碳排放量从 2010 年的 17413.67 万吨下降至 2020 年的 15098.56 万吨，下降率达到 13.29%；2011～2013 年河南省工业碳排放量出现小幅增长，但整体增长率较低，变化波动较小；2014～2019 年碳排放量增长速度较 2013 年之前出现变化，开始呈现持续下降状态，其中 2018 年比 2017 年碳排放量下降了 1684.2 万吨，下降率为 9%；近年来受到政府号召及国家政策影响，2010～2020 年河南省工业碳排放量整体处于下降态势，10 年内工业碳排放量年均降速约为 3.16%。

表 4.4　　　　　　2010～2020 年河南省工业碳排放量变动情况

年份	碳排放量合计（万吨）	变动情况（%）
2010	17413.67	—
2011	20221.07	16.12
2012	19494.80	−3.59
2013	20132.11	3.27
2014	19734.35	−1.98
2015	18587.41	−5.81

续表

年份	碳排放量合计（万吨）	变动情况（%）
2016	18286.97	−1.62
2017	17938.23	−1.91
2018	16254.03	−9.39
2019	15123.62	−6.95
2020	15098.56	−0.17

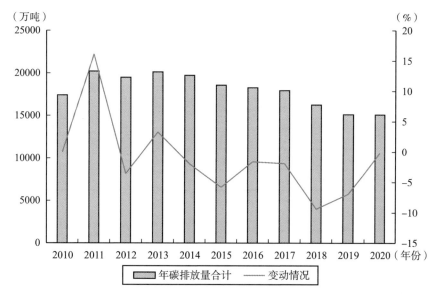

图 4.1　2010～2020 年河南省工业碳排放量及变动情况

由表 4.5 数据可以看出，河南省 2010～2020 年工业碳排放量最高年份为 2011 年，达 20221.07 万吨，占同期工业碳排放总量的 10.20%，相较于 2010 年的工业碳排放量上升 16.01%；碳排放量最低年份为 2020 年，年排放量为 15098.56 万吨，在同期工业碳排放总量中占 7.61%，比工业碳排放量最高的 2011 年减少了 5122.51 万吨，下降率为 25.33%。图 4.2 较为直观地显现出河南省 2010～2020 年各地市工业碳排放量占比变化情况，自 2011 年以来，所占比重逐年下降，由工业发展带来的碳排放状况有所缓解，但由于基数较大，前景仍不容乐观。

表 4.5 河南省 2010～2020 年碳排放量及年份占比

年份	碳排放量（万吨）	2010～2020 年占比（%）
2010	17413.67	8.78
2011	20221.07	10.20
2012	19494.80	9.83
2013	20132.11	10.15
2014	19734.35	9.95
2015	18587.41	9.37
2016	18286.97	9.22
2017	17938.23	9.05
2018	16254.03	8.20
2019	15123.62	7.63
2020	15098.56	7.61
合计	198284.82	100

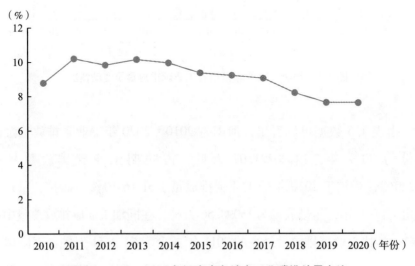

图 4.2　2010～2020 年河南省各地市工业碳排放量占比

将《河南统计年鉴》中提供的 2010～2020 年主要能源消耗量数据代入公式（4.1）中，核算出 2010～2020 年河南省工业主要消耗能源所产生的碳排放量，如表 4.6 所示，图 4.3 与图 4.4 则更为直观地显示出 2010～2020 年河南省工业主要能源消耗碳排放量的对比情况。从三大主要消耗能源碳排放总量的时间变动情况及各类能源消耗碳排放量占比情况分析，河南省工业主要能源消耗碳排放量呈现先增后减、小幅上涨而后持续下降的特征，该特征与河南省工业碳排放量变化趋势相一致，表明河南省工业能源消耗差异性较大，对原煤资源依赖性较强。

表 4.6　　2010～2020 年河南省工业主要能源消耗碳排放量变动情况 单位：万吨

年份	原煤消耗碳排放量	焦炭消耗碳排放量	原油消耗碳排放量	合计
2010	15443.46	1159.93	693.70	17297.10
2011	16374.00	1073.59	664.86	18112.45
2012	15731.88	1008.52	794.91	17535.31
2013	16311.35	1101.71	747.88	18160.95
2014	15955.80	1137.07	661.16	17754.02
2015	14958.70	1140.57	507.37	16606.64
2016	14713.06	1078.22	573.44	16364.71
2017	14543.65	978.02	544.25	16065.92
2018	12674.97	1148.28	693.44	14516.69
2019	11667.80	1189.22	669.06	13526.08
2020	11527.36	1230.24	745.30	13502.90
合计	159902.03	12245.37	7295.37	179442.77

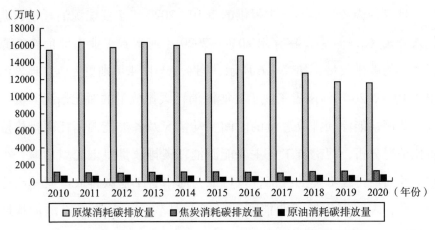

图 4.3   2010～2020 年河南省工业主要消耗能源碳排放量

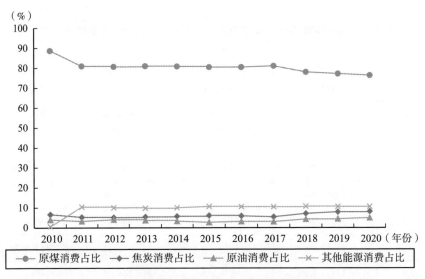

图 4.4   2010～2020 年河南省工业主要能源消费碳排放量占比

通过上述数据分析发现，2010～2013 年河南省工业主要消耗能源碳排放量一直处于小幅上升状态，并在 2013 年达到主要消耗能源碳排放量的阈值，其三大主要消耗能源年碳排放量为 18160.95 万吨；2013～2020 年工业主要消耗能源碳排放量保持缓慢下降态势，在 2020 年达到碳排放量最低值，三大主要能源消耗碳年排放量为 13502.90 万吨，相较于 2013 年减少了 4658.04 万吨，下降了 25.65%。

三大主要消耗能源中的原煤消耗量最大，约占能源消耗所产生碳排放总量的 80%，而在 2013 年该比重更是高达 81%（图 4.5），而在 2020 年该比重下降为 76%（图 4.6）。2010～2020 年原煤消耗所产生的碳排放量呈现明显下降态势。焦炭和原油消耗碳排放量保持稳定，占能源消耗所产生碳排放总量的 18%，无持续性变动趋势（图 4.4）。工业主要能源消耗碳排放量变动趋势与河南省工业碳排放量变动趋势相一致。由计算结果可知，河南省工业主要能源消耗碳排放量受原煤消耗因素影响较大。

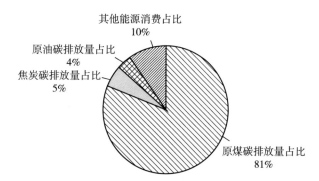

图 4.5 2013 年河南省工业主要能源消耗碳排放量占比

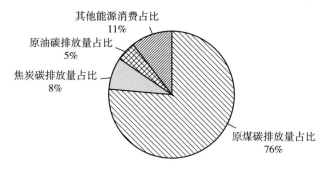

图 4.6 2020 年河南省工业主要能源消耗碳排放量占比

4.2.2 河南省工业碳排放强度及时间变化特征

碳排放强度一般是指国内生产总值（GDP）碳排放，代表每产出万元国内生产总值所排放的二氧化碳数量。碳排放强度与国民总收入相结合可以体现国家经济发展水平和国民福利指标，与区域经济的发展直接相关，是评价一个区域的经济发展与产生的碳排放量关系的直接指标。碳排放强度数值越小，则代表在相同条件下，同等产出的国内生产总值所造成的碳排放量更少，可表明其经济结构、能源结构和科技水平相对完善。碳排放强度的计算公式为：

$$D = \frac{C}{GDP} \tag{4.2}$$

其中，D 表示碳排放强度，C 为碳排放总量，G 为区域国内生产总值实际值。根据《河南统计年鉴》数据得到河南省工业生产总值（见表4.7），将2010~2020年的工业行业能源消费总量及工业生产总值数据代入公式（4.2），可核算出 2010~2020 年河南省的工业碳排放强度，如表4.8所示。

表4.7　　　　　　　　河南省工业生产总值　　　　　单位：亿元

年份	工业生产总值
2010	12173.51
2011	14021.59
2012	15042.55
2013	15995.37
2014	17139.61

年份	工业生产总值
2015	17947. 86
2016	18986. 89
2017	20940. 33
2018	22038. 56
2019	23035. 79
2020	22875. 33

资料来源：河南省统计局。

表4.8 河南省工业碳排放强度

年份	碳排放强度	变动情况（%）
2010	1. 43	—
2011	1. 44	0. 82
2012	1. 30	− 10. 14
2013	1. 26	− 2. 88
2014	1. 15	− 8. 52
2015	1. 04	− 10. 05
2016	0. 96	− 7. 00
2017	0. 86	− 11. 06
2018	0. 74	− 13. 90
2019	0. 65	− 10. 98
2020	0. 66	0. 53

图4.7 更为直观地显示出河南省 2010～2020 年工业碳排放强度及变化趋势。可以看出，2011～2020 年河南省工业碳排放强度持续下降，

2020 年河南省工业碳排放强度为 0.66，相较于 2019 年上升了 0.53%，为 2012 年以来首次碳排放强度增加的年份；而 2019 年河南省工业碳排放强度较 2019 年下降了 0.09，降幅为 12.97%；2018 年河南省工业碳排放强度相较于 2017 年下降了 0.12，降幅为 13.79%，为下降最明显的年份；而 2013 年河南省工业碳排放强度为 1.27，相较于 2012 年降低近 0.04，降幅为 2.87%，为下降幅度较低的年份。

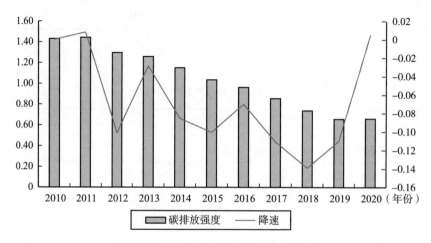

图 4.7　河南省碳排放强度及变化趋势

2010～2015 年河南省工业碳排放强度均大于 1，2016～2020 年下降至 1.00 以下。2010～2020 年，工业碳排放强度呈波浪式下降，期间下降态势虽有小幅减缓，但总体降速明显，2020 年河南省工业碳排放强度相较于 2010 年下降 0.77，降幅为 53.85%。

碳排放强度值逐渐下降，表明在相同单位数量的国内生产总值产出的情况下，碳排放量在逐渐减少，同样表示随着经济结构的不断完善与发展，温室气体排放水平逐渐降低。

通过将 2010～2020 年河南省碳排放量、工业生产总值、碳排放强度综合比较可以发现（见图 4.8），2010～2020 年在工业生产总值逐年增加的同时，碳排放强度总体上呈现不断下降的趋势，虽然产业总产值和对应的碳排放强度二者之间的变化趋势还未完全趋于一致，但总体来看，随着社会经济的不断完善发展，碳排放强度逐年下降。自2014 年起，碳排放量与碳排放强度呈持续下降态势，而河南省工业生产总值保持逐年上升，三者变化趋势存在较高的一致性。

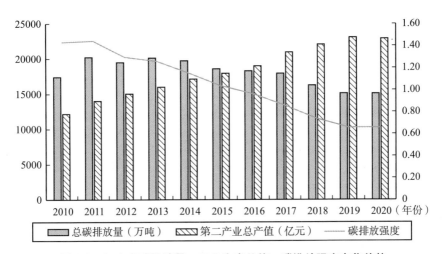

图 4.8　河南省碳排放量、工业生产总值、碳排放强度变化趋势

4.2.3　河南省工业人均碳排放及时间变化特征

人均碳排放是指某一区域的温室气体排放总量除以其人口数量得出的碳排放均值，由于该指标是以人口个体为单位来衡量碳排放量，所以更能体现人口对碳排放空间的占有程度、能源使用和碳排放的公平性。具体公式可表示为：

$$A = \frac{C_{total}}{P_{total}} \tag{4.3}$$

其中，A 表示人均碳排放量，C 为碳排放总量，P 为区域人口总量。根据《河南统计年鉴》数据可以得到河南省工业产业能源消耗量，代入公式（4.1）得到 2010～2020 年河南省工业行业能源消费碳排放量核算结果（见表 4.3），从而得到河南省各地市工业碳排放总量，再根据《河南统计年鉴》数据中河南省各地市总人口数量（见表 4.9），将二者代入公式（4.3）可核算出 2010～2020 年河南省的工业人均碳排放强度，如表 4.10 所示。

河南省是我国人口大省，省内各地市人口数量相差悬殊，人口规模相差较大。例如，南阳市、周口市，自 2011 年起人口总量均保持在 1000 万人以上；人口规模在 700 万人以上的地市包括商丘市、驻马店市、信阳市、郑州市和洛阳市；人口规模保持在 200 万人以下的城市为鹤壁市、济源市。从时间整体上看，周口市、信阳市城市人口总数量增长最为显著，2020 年城市人口总数量相较于 2010 年增长近 270 万人；驻马店市、信阳市、南阳市近 10 年内城市人口数量增长明显，其中驻马店市、信阳市 2019 年总人口数量相较于 2010 年增长超过 190 万人；省内 2010～2020 年人口总数量负增长的城市仅有郑州市，其 2020 年总人口数量相较于 2010 年减少了 71.47 万人。

从河南省工业人均碳排放量来看，2010 年省内工业人均碳排放量为 1.61 万吨碳/万人，而到 2020 年则下降到 1.31 万吨碳/万人，相较于 2010 年下降了 19.34%。根据 2010～2020 年河南省工业人均碳排放量（见表 4.10）可知，河南省内各地市工业人均碳排放量存在较大差异，如信阳市、周口市和驻马店市，2010～2020 年工业人均碳排放量均少于 1 万吨碳/万人，而济源市的工业人均碳排放量则均处于 8 万吨碳/万人以上水平。

表 4.9　2010～2020 年河南省各地市人口总数

单位：万人

年份	郑州市	开封市	洛阳市	平顶山市	安阳市	鹤壁市	新乡市	焦作市	濮阳市	许昌市	漯河市	三门峡市	南阳市	商丘市	信阳市	周口市	驻马店市	济源市
2010	866.00	468.00	655.00	491.00	517.00	157.00	571.00	354.00	360.00	431.00	255.00	223.00	1027.00	735.00	610.00	894.00	723.00	68.00
2011	735.00	506.00	685.00	532.00	571.00	159.00	593.00	364.00	384.00	479.00	273.00	226.00	1164.00	890.00	851.00	1121.00	887.00	68.00
2012	741.00	509.00	689.00	535.00	574.00	160.00	597.00	366.00	386.00	483.00	274.00	226.00	1166.00	895.00	855.00	1126.00	892.00	68.00
2013	750.53	511.47	692.30	537.52	576.45	161.17	600.43	366.60	387.92	484.88	275.80	226.79	1170.96	900.02	859.83	1130.84	896.01	68.90
2014	759.97	514.04	696.23	540.53	579.43	162.11	603.67	368.50	389.93	487.14	277.33	227.79	1176.81	904.70	864.80	1136.35	900.56	69.32
2015	770.44	516.69	700.28	543.63	582.49	163.01	606.87	370.63	391.90	489.61	278.88	228.53	1182.51	909.47	869.77	1141.94	905.21	69.78
2016	776.23	519.85	705.11	547.13	585.75	163.99	610.82	373.03	394.45	492.66	280.59	229.50	1188.46	915.12	875.17	1149.00	910.55	70.31
2017	782.08	523.04	710.14	549.28	589.35	164.96	614.39	375.51	396.86	495.63	282.55	230.55	1194.23	921.01	880.53	1155.98	915.87	70.90
2018	787.47	525.64	713.67	552.55	592.27	165.78	617.34	377.47	399.16	498.24	284.13	230.80	1198.07	926.17	884.63	1161.69	919.82	71.37
2019	794.53	527.77	717.02	555.18	594.79	166.53	619.81	377.89	400.89	500.48	285.33	230.85	1201.88	930.40	887.92	1166.15	922.76	71.77
2020	899.00	564.00	749.00	571.00	631.00	171.00	667.00	373.00	435.00	512.00	268.00	237.00	1238.00	1010.00	913.00	1259.00	967.00	73.00

资料来源：河南省统计局。

表 4.10　　　　　　　　**2010～2020 年河南省工业人均碳排放量**

年份	人口数量（万人）	工业碳排放总量（万吨）	碳排放强度
2010	10800	17413.67	1.61
2011	10922	20221.07	1.85
2012	10932	19494.80	1.78
2013	11039	20132.11	1.82
2014	11102	19734.35	1.78
2015	11217	18587.41	1.66
2016	11370	18286.97	1.61
2017	11377	17938.23	1.58
2018	11444	16254.03	1.42
2019	11486	15123.62	1.32
2020	11526	15098.56	1.31

资料来源：河南省统计局。

从时间整体看，2010～2020 年河南省工业人均碳排放量最高的年份为 2013 年，其工业人均碳排放量为 1.82 万吨碳/万人，河南省工业人均碳排放量最低的年份为 2020 年，其工业人均碳排放量为 1.31 万吨碳/万人。

表 4.11 则显示了河南省各地市工业人均碳排放情况。2010～2013 年河南省内大部分地市工业人均碳排放量保持明显增长态势，各地市小幅上涨，例如，郑州市由 2.19 万吨碳/万人增长至 3.02 万吨碳/万人，济源市由 8.58 万吨碳/万人增长至 10.89 万吨碳/万人，但也存在个别城市出现小幅下降的情况，如安阳市工业人均碳排放量从 2.94 万吨碳/万人下降至 2.76 万吨碳/万人，周口市由 0.28 万吨碳/万人下降至 0.13 万吨碳/万人。

表 4.11　2010～2020 年河南省各地市工业人均碳排放量

单位：万吨碳/万人

年份	郑州市	开封市	洛阳市	平顶山市	安阳市	鹤壁市	新乡市	焦作市	濮阳市	许昌市	漯河市	三门峡市	南阳市	商丘市	信阳市	周口市	驻马店市	济源市
2010	2.19	0.76	2.58	2.32	2.94	3.22	1.69	3.39	1.67	1.64	1.32	3.63	0.74	0.80	0.78	0.28	0.48	8.58
2011	2.84	0.82	2.67	2.49	2.69	3.22	1.76	3.16	1.64	1.49	1.25	4.06	0.71	0.71	0.58	0.21	0.52	9.36
2012	2.89	0.73	2.35	2.19	2.48	2.66	1.61	2.70	1.54	1.68	1.16	3.85	0.74	0.66	0.58	0.16	0.57	10.03
2013	3.02	0.92	2.33	2.22	2.76	2.48	1.64	2.68	1.50	1.65	1.02	3.96	0.71	0.70	0.58	0.13	0.56	10.89
2014	2.79	1.06	2.30	2.07	2.92	2.30	1.68	2.65	1.40	1.55	1.03	4.21	0.72	0.66	0.60	0.12	0.58	11.25
2015	2.55	0.99	2.28	1.99	2.93	2.05	1.80	2.79	1.18	1.39	0.95	4.30	0.67	0.61	0.60	0.11	0.57	10.40
2016	2.30	1.01	2.15	1.90	2.83	2.18	1.66	2.88	1.21	1.28	0.98	4.11	0.63	0.55	0.60	0.11	0.50	10.44
2017	2.21	0.91	2.21	1.93	2.50	2.06	1.59	2.91	1.18	1.09	0.90	3.86	0.58	0.56	0.55	0.11	0.49	9.97
2018	1.97	0.81	2.11	2.09	2.69	2.29	1.56	2.88	1.48	0.83	0.82	3.77	0.56	0.73	0.50	0.07	0.51	10.77
2019	1.73	0.59	1.87	1.88	2.59	2.73	1.46	2.68	1.42	0.81	0.78	2.99	0.56	0.77	0.48	0.14	0.46	10.11
2020	1.50	0.74	1.74	1.76	2.48	2.64	1.43	2.82	1.27	0.84	1.14	2.56	0.59	0.71	0.46	0.14	0.43	9.76

2014～2020年河南省内各地市工业人均碳排放量均呈现下降趋势，2014～2020年河南省工业碳排放量累计减少5759.82万吨，工业人均碳排放量降速上的变动趋势与碳排放总量变动趋势存在一致性；而2014～2020年省内人口总数增长726万人，与工业人均碳排放量变化趋势存在差异。因此，工业碳排放总量对工业人均碳排放量指标变动情况的因素影响较大。

4.3　河南省工业碳排放的空间分布特征

河南省位于我国中东部地区，受资源、社会经济结构、地理环境等因素的影响，各地市工业发展水平、工业碳排放水平也存在明显空间差异。本章主要利用河南省各地市的工业碳排放量数据，分析省内碳排放空间分布差异。

4.3.1　河南省工业碳排放总量的空间分布特征

从时间整体看，河南省2010～2020年工业碳排放空间分布特征如图4.9所示。2010～2020年郑州市、安阳市、洛阳市为河南省工业碳排放量最大的城市，其次为平顶山市、焦作市、新乡市，河南省内工业碳排放量最少的城市为周口市、漯河市。整体来看，河南省内各地市工业碳排放量变化幅度较小，地市间碳排放量差异较大，工业碳排放量排名基本稳定。

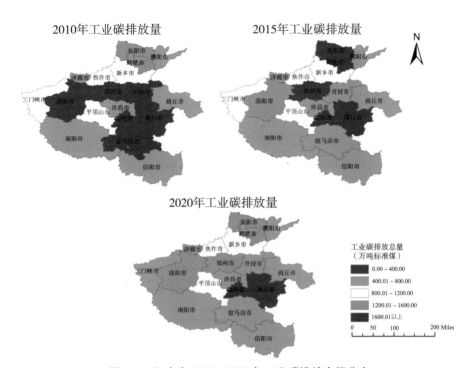

图 4.9　河南省 2010～2020 年工业碳排放空间分布

由图 4.9 可以看出，2010～2020 年碳排放量时空演化情况中，河南省区域间碳排放量差异较大，各地市的碳排放量分布不均。整体来看，2010～2020 年河南省内区域碳排放空间分布情况基本保持不变，呈现"西北高、东南低"的空间格局，工业碳排放重心稳定在豫中地区。

高值区主要分布在中部（郑州市、洛阳市）工业技术发达或煤炭资源高消耗量城市、北部地区（安阳市）以及东部地区（商丘市）发展石油化工、煤炭等原材料的工业城市；低值区主要为东南部地区

（开封市、周口市、漯河市、驻马店市、信阳市）等发展速度较慢的资
源消耗型城市；而省内碳排放量较低的城市主要分布在东部边缘地区。

图 4.10 则反映了 2010～2020 年河南省各地市工业碳排放量占比状
况。通过分析可知，郑州市碳排放水平较高，是河南省碳排放量第一
的城市，约占省内工业碳排放总量的 11.15%。其次分别为安阳市、洛
阳市和平顶山市，其年工业碳排放量分别占省内碳排放总量的 9.52%、
9.45% 以及 6.78%。图 4.11 反映了河南省碳排放量较高的城市 2010～
2020 年的工业碳排放量变动状况，发现郑州市碳排放量虽占比最大，
且高于其他排放量比较大的城市，但随着时间变化，其碳排放量下降
比例大，尤其是在 2018 年以后，郑州市工业碳排放总量首次低于安阳
市，成为第二大工业碳排放量城市。

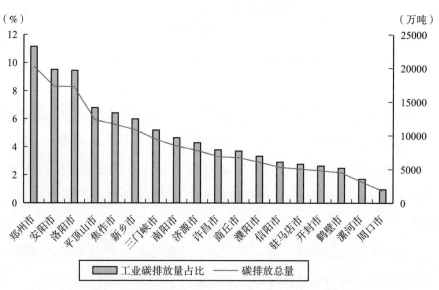

图 4.10　河南省各地市 2010～2020 年工业碳排放量占比

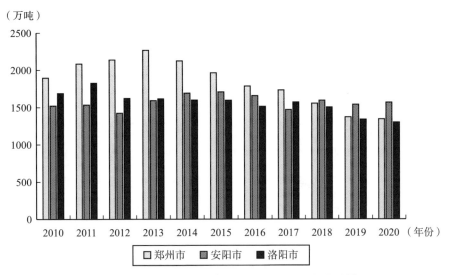

（万吨）

图4.11 工业碳排放量较高城市 2010~2020 年变动情况

　　综合来看，河南省的南阳市、三门峡市、济源市、新乡市、鹤壁市、焦作市等几个西部边缘地区，在 2010~2020 年的年工业碳排放量都处于较低水平，呈"几"字型分布。而河南省东南部地区如开封市、周口市、漯河市、驻马店市及信阳市等地的工业碳排放量则稳定保持在低排放水平状态，它们位于省内年工业碳排放量排名的后五名，其碳排放量均未超过省内工业碳排放总量的 3%，5 个地市的年工业碳排放总量保持在全省碳排放量的 13% 左右。通过数据收集发现，2010~2020 年省内大部分城市年工业碳排放量省内排名情况并无明显差异，各个地市排名基本保持稳定。

　　根据时间跨度对比可知，河南省 2011 年与 2020 年碳排放分布特征及对比差异较大，表 4.12 为 2010 年与 2020 年河南省各地市工业碳排放量具体数值。根据表 4.12 作图 4.12，更为直观地显现出两个时间点内河南省各地市工业碳排放量的空间差异对比。通过分析发现，河南省工业碳排放量空间差异明显，各地市碳排放量差距较大，省内中部及西北部地区整体碳排放量较高，东南部地区较低。在 2011 年，碳排放总量超过 1600 万吨的城市有 2 个，到 2020 年则减少为 0 个。其中，郑州市工业碳排放量 2084.13 万吨，为各地市最高，占 2011 年河南省工业碳排放总量的 11.71%，相较于工业碳排放量第二的安阳市高出 258.21 万吨；工业碳排放最低的周口市工业碳排放量为 240.82 万吨，相较于郑州市的工业碳排放量少了 1843.31 万吨，仅占郑州市工业碳排放量的 11.55%。

表 4.12 　　　　　　　河南省 2011 年和 2020 年碳排放量对比

城市	2011 年（万吨）	2020 年（万吨）	下降率（%）
郑州市	2084.13	1344.09	35.51
安阳市	1534.30	1565.91	−2.06
洛阳市	1825.92	1300.17	28.79
平顶山市	1323.53	1002.25	24.27
焦作市	1148.99	1051.06	8.52
新乡市	1044.41	952.39	8.81
三门峡市	916.51	607.21	33.75
南阳市	821.68	735.80	10.45
济源市	636.65	712.12	−11.85
许昌市	715.64	428.37	40.14
商丘市	632.35	722.01	−14.18
濮阳市	630.78	551.88	12.51
信阳市	496.53	424.41	14.52
驻马店市	462.94	413.43	10.69

续表

城市	2011 年（万吨）	2020 年（万吨）	下降率（％）
开封市	413.53	419.16	−1.36
鹤壁市	512.23	452.28	11.70
漯河市	341.30	304.40	10.81
周口市	240.82	178.20	26.00
全省	20221.07	15098.56	25.33

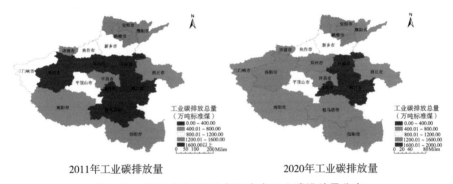

2011年工业碳排放量　　　　　2020年工业碳排放量

图 4.12　2011 年和 2020 年河南省工业碳排放量分布

图 4.13 和图 4.14 为表 4.12 的柱状图及占比图，更加清晰地显现出两个时间点内河南省各地市工业碳排放量变化及排名状况。直观来看，省内整体碳排放量出现明显下降，高排放地区碳排放量整体降级，工业碳排放量超过 1600 万吨的城市有郑州市、洛阳市，工业碳排放量在 12000 万吨以下 800 万吨以上的有 5 市，分别为安阳市、新乡市、焦作市、三门峡市及平顶山市。与 2011 年比较，2020 年河南省各地市工业碳排放总量排名及占比情况较为稳定，仅商丘市变化较大。

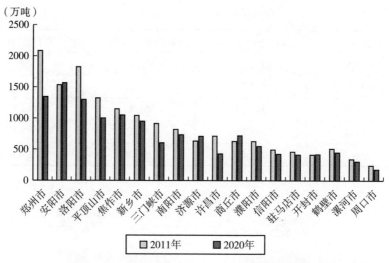

图 4.13　2011 年和 2020 年各地市碳排放量对比

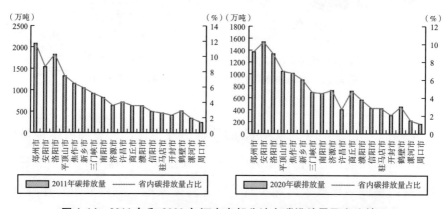

图 4.14　2011 年和 2020 年河南省部分地市碳排放量及占比情况

河南省 2011 年和 2020 年的碳排放量对比及各地市的碳排放量对比情况分别如表 4.12 和图 4.14 所示。

（1）河南省各排放量等级的地市分布特征

①河南省 2010～2020 年高排放地区的碳排放情况

省内 2020 年工业碳排放总量相较于 2011 年减少了 2785.49 万吨，

下降了 15.65% 。从总量来看，碳排放量处于持续下降状态，高碳排放量城市碳排放量降速明显，个别城市工业排放量存在小幅增加。从图 4.15 的碳排放情况对比可知，2010 ～ 2020 年高碳排放区的 6 个地市中，郑州市的碳排放量明显高于其他 5 个地市。

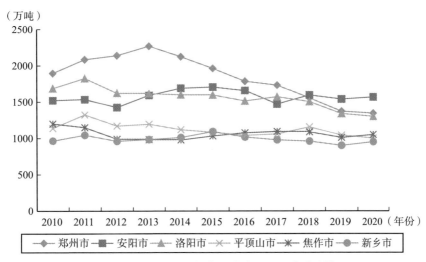

图 4.15　2010 ～ 2020 年高排放地区工业碳排放情况

由表 4.13 可以看出，郑州市 2010 ～ 2017 年年工业碳排放量均超过 1500 万吨，2018 ～ 2019 年工业碳排放量出现大幅下降趋势，连续两年碳排放量稳定在 1300 万吨左右，较 2017 年的 1731.81 万吨下降了 22.39% ，但仍是河南省区域内年工业碳排放量第一的城市，其近 10 年碳排放总量比排名第二的安阳市高出 2964.57 万吨。

表 4.13　2010 ～ 2020 年郑州市碳排放量　　　　单位：万吨

年份	郑州市
2010	1896.15
2011	2084.13

续表

年份	郑州市
2012	2138.53
2013	2268.31
2014	2123.38
2015	1962.91
2016	1785.32
2017	1731.81
2018	1554.24
2019	1371.23
2020	1344.09

如表 4.14 所示,郑州市、洛阳市 2010 ~ 2013 年年工业碳排放量呈现低幅增长趋势,其中,郑州市 2013 年工业碳排放量至 2200 万吨以上,达到 10 年间碳排放量阈值,2014 ~ 2019 年碳排放量逐步下降,持续出现负增长的情况,年工业碳排放量降至 2000 万吨以下;焦作市 2010 ~ 2011 年工业碳排放量超过 1200 万吨,2012 ~ 2019 年整体下降。2010 ~ 2020 年河南省工业碳排放量空间结构分布保持稳定,2013 ~ 2019 年省内总体保持小幅下降水平。

表 4.14　　　　　　　　**2010 ~ 2020 年高排放地区工业碳排放量**　　　单位:万吨

年份	安阳市	洛阳市	平顶山市	焦作市	新乡市
2010	1521.50	1688.68	1138.78	1199.90	965.52
2011	1534.30	1825.92	1323.53	1148.99	1044.41
2012	1424.63	1621.84	1170.08	989.84	961.43
2013	1591.87	1615.69	1194.83	982.85	984.47
2014	1690.93	1598.49	1119.09	977.98	1011.69

年份	安阳市	洛阳市	平顶山市	焦作市	新乡市
2015	1706.82	1595.37	1084.04	1032.72	1093.36
2016	1656.99	1512.97	1040.17	1075.90	1016.94
2017	1470.53	1570.19	1059.86	1093.82	978.97
2018	1594.19	1503.37	1156.47	1087.63	960.68
2019	1537.85	1338.52	1042.93	1011.06	901.85
2020	1565.91	1300.17	1002.25	1051.06	952.39

②河南省2010~2020年低排放地区的碳排放情况

如图4.16所示，在2014~2020年处于低碳排放区的6个地市中：漯河市和周口市工业碳排放总量呈现缓慢下降趋势；鹤壁市在2014~2017年缓慢下降后，2017~2020年工业碳排放量逐步回升，达到400万吨以上，但仍处于省内工业碳排放量低水平状态；较低碳排放量城市中的其他城市近10年工业碳排放量变化不大，基本处于稳定下降状态。

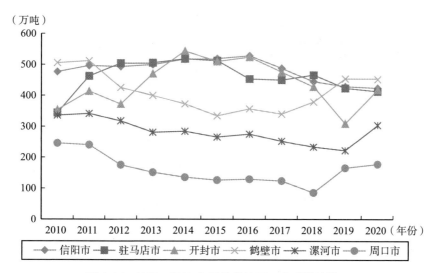

图4.16　2010~2020年低排放地区工业碳排放情况

综上所述，河南省年工业碳排放量 2010～2020 年保持曲折式下降，期间碳排放量存在小幅回升，但总体下降趋势明显。

（2）河南省 2010～2020 年工业碳排放空间演化分布特征

整体来看，2010～2020 年省内大部分城市工业碳排放量水平波动较小，空间特征分布稳定，个别城市工业碳排放量级变化明显，如郑州市、洛阳市、安阳市，碳排放重心空间分布稳定，省内整体碳排放量逐年降低，较低碳排放量城市数量提升。

从如图 4.17 所示的空间演化分布上看，河南省内区域碳排放量呈现"西北高，东南低"的空间特征。2010～2020 年碳排放重心一直处于郑州市，郑州市在 2011～2014 年碳排放量超过 2000 万吨，至 2015年又持续下降至 2000 万吨以下，与较低碳排放量城市差距逐渐缩小，空间差异性逐渐下降。2012 年之后，焦作市工业碳排放量下降至 1200

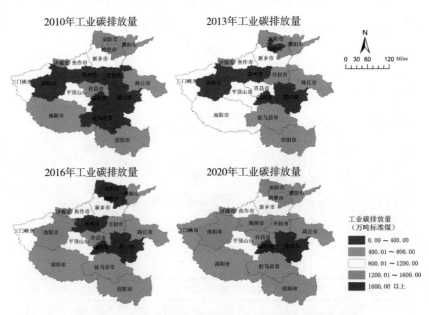

图 4.17　2010～2020 年河南省工业碳排放空间演化分布

万吨以下，回归较低碳排放水平，形成较明显的"中间高，四周低"的空间特征。东部及南部地区碳排放量波动性小，碳排放量水平变化较小。

4.3.2　河南省工业碳排放强度的空间分布特征

根据《河南统计年鉴》公布数据，代入上述碳排放强度公式（4.2）得到表 4.15。由该表可知，碳排放强度最高的地区为济源市，碳排放强度为 3.82，2010～2016 年年碳排放强度保持在 2 以上，2017～2020 年碳排放强度下降至 2 以下；其次是安阳市，2010～2016 年年碳排放强度均为 1.5 以上，2017～2020 年年碳排放强度下降至 1.5 以下。

表 4.15　　　　　　　河南省各地市工业碳排放强度

城市	2010年	2011年	2012年	2013年	2014年	2015年	2016年	2017年	2018年	2019年	2020年
郑州市	0.84	0.73	0.68	0.65	0.61	0.54	0.47	0.42	0.35	0.30	0.28
开封市	0.88	0.88	0.70	0.77	0.85	0.78	0.74	0.63	0.55	0.33	0.47
洛阳市	1.21	1.10	0.91	0.89	0.95	0.94	0.84	0.79	0.73	0.57	0.56
平顶山市	1.31	1.36	1.28	1.32	1.27	1.27	1.16	1.09	1.14	0.95	0.90
安阳市	1.88	1.76	1.58	1.66	1.80	1.84	1.71	1.36	1.44	1.54	1.41
鹤壁市	1.67	1.45	1.11	0.90	0.81	0.71	0.71	0.63	0.70	0.77	0.82
新乡市	1.41	1.19	1.04	0.98	1.02	1.11	0.95	0.85	0.79	0.67	0.70
焦作市	1.40	1.16	0.95	0.85	0.86	0.90	0.87	0.82	0.81	0.68	1.18
濮阳市	1.17	1.08	0.92	0.78	0.75	0.61	0.60	0.55	0.71	0.99	0.95
许昌市	0.78	0.66	0.71	0.62	0.59	0.53	0.45	0.35	0.25	0.22	0.24
漯河市	0.71	0.66	0.58	0.48	0.47	0.43	0.41	0.35	0.32	0.30	0.45

城市	2010年	2011年	2012年	2013年	2014年	2015年	2016年	2017年	2018年	2019年	2020年
三门峡市	1.35	1.29	1.14	1.12	1.24	1.35	1.26	1.09	1.03	0.98	0.88
南阳市	0.75	0.70	0.71	0.66	0.68	0.63	0.55	0.48	0.45	0.53	0.58
商丘市	1.11	1.02	0.91	0.88	0.81	0.73	0.61	0.56	0.69	0.60	0.65
信阳市	1.03	0.95	0.88	0.78	0.72	0.69	0.66	0.57	0.50	0.43	0.42
周口市	0.44	0.37	0.23	0.17	0.14	0.13	0.12	0.11	0.07	0.12	0.13
驻马店市	0.78	0.87	0.86	0.75	0.74	0.71	0.59	0.52	0.50	0.38	0.38
济源市	2.24	2.29	2.09	2.18	2.38	2.24	2.10	1.79	1.85	1.72	1.69

济源市与其他城市碳排放情况略有不同。由于济源市工业碳排放总量较低，城市整体国内生产总值省内排名靠后，2010~2014年第二产业生产总值占比高于70%，2015~2020年第二产业生产总值占比为60%以上，城市生产总值对工业依赖程度较高，因此碳排放强度较高。

根据表4.15作出河南省工业碳排放强度时空分布图（见图4.18）。如图4.18所示，2010~2020年河南省碳排放强度总体变化较小，相比于2010年，2015年三门峡市的工业碳排放强度明显上升，从1.36上升为1.66，2018~2020年工业碳排放强度下降至1.2以下。

此外，从图4.18可以看出，河南省碳排放强度呈现明显的"西北高，东南低"区域特征。在煤炭资源丰富的山地丘陵地区或工业型城市，其城市整体国内生产总值对工业依赖程度较高，碳排放强度较高；而对于资源消耗型产业发展较为缓慢的城市，其碳排放强度较低。总体来看，河南省2010~2020年工业碳排放强度下降趋势明显，各个地市碳排放强度排名稳定。

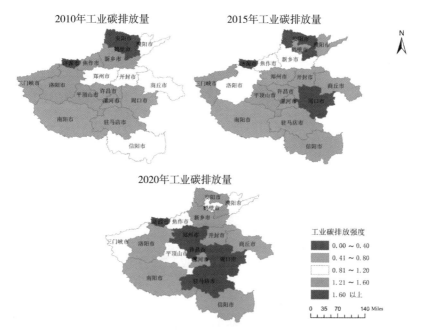

图 4.18　2010～2020 年河南省工业碳排放强度时空分布

4.3.3　河南省工业人均碳排放的空间分布特征

根据《河南统计年鉴》中工业能源消耗、人口等数据计算出河南省工业人均碳排放量（见表 4.9、表 4.10），通过 ArcGIS 10.7 绘制 2010 年、2013 年、2016 年、2020 年的河南省人口时空分布图、工业人均碳排放量时空分布图，如图 4.19、图 4.20 所示。

由图 4.20 可知，河南省工业人均碳排放量呈现"西北高、东南低"的空间分布特点，河南省工业人均碳排放量随时间的推移呈现整体下降趋势。

总体上看，可将河南省各地市工业人均碳排放量划分为以下等级：重型（2.5 万吨碳/万人以上），包括济源市、三门峡市、焦作市、安

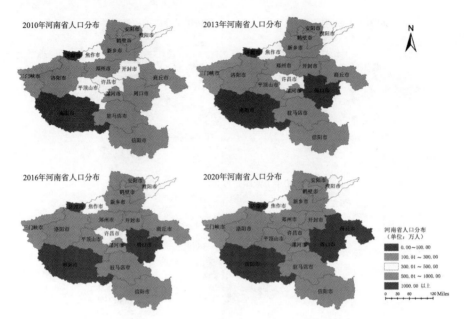

图 4.19　2010～2020 年河南省人口时空分布

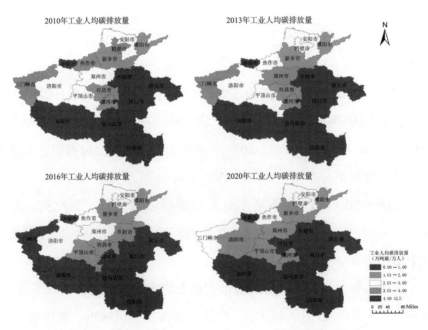

图 4.20　2010～2020 年河南省工业人均碳排放量时空分布

阳市、鹤壁市；中型（1~2.5 万吨碳/万人），包括郑州市、洛阳市、平顶山市、新乡市、濮阳市、许昌市、漯河市；轻型（1 万吨碳/万人以下），包括开封市、商丘市、南阳市、信阳市、驻马店市、周口市。

　　根据工业人均碳排放量的等级划分可以看出，济源市、鹤壁市人均碳排放量远高于其他城市，其工业碳排放总量较低，故而造成其工业人均碳排放量高于其他地市的主要原因为城市总人口数量较小。郑州市、安阳市和洛阳市虽然工业碳排放总量较大，但工业人均碳排放量在省内排名中等，原因在于其人口规模较大，工业碳排放总量基数相较于平顶山市等高碳排放区存在较大差距，因此其人均碳排放量在省内并非处于前列（见图 4.21、图 4.22）。

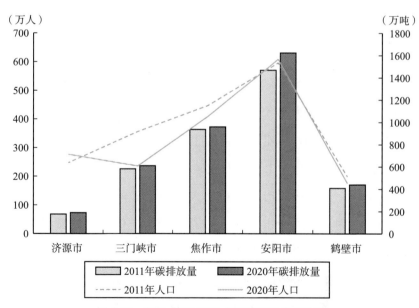

图 4.21　2011 年和 2020 年重型城市数据对比

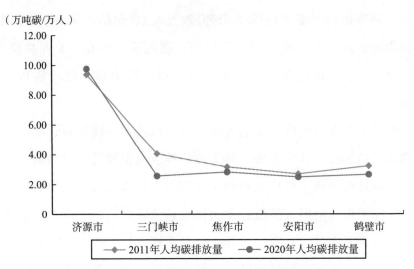

图 4.22 **2011 年和 2020 年重型城市工业人均碳排放量**

从时间对比上看，2011 年河南省内 5 个工业人均碳排放量重型城市人口总数为 1338 万人，占省内总人口的 12.39%，其工业碳排放总量为 4748.68 万吨，占省内工业碳排放总量的 23.48%，重型城市的工业人均碳排放量为 1.59 万吨碳/万人；2020 年 5 个工业人均碳排放量重型城市人口总人数为 1485 万人，占省内总人口的 12.88%，其工业碳排放总量为 4388.57 万吨，占省内工业碳排放总量的 29%，重型城市的工业人均碳排放量为 1.196 万吨碳/万人。

总体来看，虽然济源市、鹤壁市人口总数较小，但其人均碳排放量位于省内前列，而郑州市虽然人口总数较大，但其人均碳排放量不高。由上述数据分析表明，工业人均碳排放量受各地市工业碳排放量因素影响较大，相较于当地人口总数因素影响较小。

通过图 4.23 分析可知，2010～2013 年河南省工业人均碳排放量呈现上升趋势，2013 年为省内人均碳排放量最高年份，其中，济源市工业人均碳排放量最高达 11.25 万吨碳/万人，为省内工业人均碳排放量最高的城市，是同年全省平均水平的 4 倍，相较于工业人均碳排放量第二的三门峡市最高排放量 4.21 万吨碳/万人，高出 6.95 万吨碳/万人，比工业人均碳排放量最低的周口市高 11.04 万吨碳/万人。郑州市工业人均碳排放量由中型转变为重型，从 2010 年的 2.19 万吨碳/万人下降至为 2020 年的 1.50 万吨碳/万人，减少了 1.69 万吨碳/万人。漯河市、周口市、信阳市出现小幅下降，下降幅度分别为 0.08 万吨碳/万人、0.10 万吨碳/万人、0.09 万吨碳/万人。2014～2020 年河南省工业人均碳排放量持续下降，河南省西北地区工业人均碳排放量整体下降明显，如济源市、平顶山市、郑州市、洛阳市、焦作市。

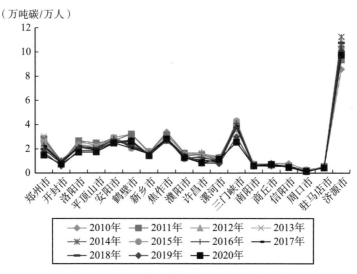

图 4.23 2010～2020 年河南省各地市人均碳排放量变化

4.4 河南省工业碳排放的空间差异分析

河南省工业碳排放的时空分布特征包括横向维度和纵向维度两个测量方向，横向维度是指在河南省内各地市间碳排放量的空间变化和差异,而纵向维度则是通过时间的推移表现出的河南省工业碳排放变化过程。由于各地市所在的地理位置不同,资源类型、经济结构等方面的发展也存在较大差异,因此各地市的工业规模、发展程度也存在差异。

碳排放强度是衡量一个地区碳排放与经济发展情况的最直接指标,因此将碳排放强度作为河南省各个地区工业碳排放的指标进行时空分布差异分析,并构建 Theil 指数模型,研究河南省工业碳排放的时空演变特征及其空间差异形成因素。

4.4.1 河南省工业碳排放的空间绝对差异测度方法

1)极差

极差常被用以表示统计数据中最大值与最小值之间的差距,能体现出该组数据的波动范围与离散程度。极差越大,离散程度越大;极差越小,离散程度越小。具体计算公式为:

$$R = D_{max} - D_{min} \qquad (4.4)$$

其中,R 表示碳排放强度的极差,D_{max} 表示碳排放强度最大值,D_{min} 表示碳排放强度最小值。根据近 10 年河南省的工业碳排放强度(见表 4.8),将近 10 年各地市工业碳排放强度代入公式(4.4),可求出近 10 年工业碳排放强度的最大值、最小值及其极差变化情况,见表 4.16。

表 4.16　　　　2010~2020 年河南省地市工业碳排放强度极差

年份	济源市	周口市	极差
2010	2.24	0.44	1.80
2011	2.29	0.37	1.92

年份	济源市	周口市	极差
2012	2.09	0.23	1.86
2013	2.18	0.17	2.01
2014	2.38	0.14	2.24
2015	2.24	0.13	2.11
2016	2.10	0.12	1.97
2017	1.79	0.11	1.68
2018	1.85	0.07	1.78
2019	1.72	0.12	1.60
2020	1.69	0.13	1.55

2）标准差

标准差也被称为标准偏差，是离均差平方的算术平均数（即方差）的算术平方根，在概率统计中最常使用作为统计分布程度上的测量依据。标准差能反映一个数据集的离散程度。平均数相同的两组数据，标准差未必相同。通过对河南省各地市工业碳排放强度指标的测算，可以发现各地市相对于全省工业碳排放强度平均水平的离散程度，标准差越大，则说明各地市的工业碳排放强度与全省平均水平之间的差异较大。其具体计算公式如下：

$$S = \sqrt{\frac{\sum_i \left(D_i - \bar{D}\right)^2}{N}} \tag{4.5}$$

其中，S 表示标准差，D_i 表示地市 i 的工业碳排放量强度，$\bar{D}$ 表示相应的河南省工业碳排放强度平均值，N 表示为所测算样本中包含的地市个数。

将 2010~2020 年各地市工业碳排放强度代入公式（4.5）可求出

2010～2020 年河南省工业碳排放强度的平均数与标准差，计算结果见表4.17。

表 4.17　　河南省各地市工业碳排放强度平均数及标准差计算结果

年份	平均数	标准差
2010	1.165	0.442
2011	1.084	0.436
2012	0.960	0.394
2013	0.914	0.435
2014	0.929	0.491
2015	0.897	0.498
2016	0.822	0.467
2017	0.720	0.393
2018	0.793	0.472
2019	0.672	0.423
2020	0.706	0.402

3）变异系数

变异系数是原始数据标准差与原始数据平均数的比值，可以比较数据离散程度的大小，与极差、标准差一样都是反映数据离散程度的绝对值。一般来说，变异系数的大小不仅受统计变量离散程度的影响，也会受变量值平均水平大小的影响。通过采用变异系数指标来反映河南省工业碳排放强度的空间相对差距，计算各地市工业碳排放强度的标准差与河南省工业碳排放强度平均值之比，来反映各地市工业碳排放强度变量偏离河南省总体平均工业碳排放强度平均值的相对差距，其具体计算公式为：

$$CV = \frac{\sqrt{\dfrac{\sum\limits_{i}(D_i - \bar{D})^2}{N}}}{\bar{D}} \tag{4.6}$$

其中，CV 表示工业碳排放强度变异系数，D_i 表示地市 i 的工业碳排放强度，$\bar{D}$ 表示相应的河南省工业碳排放强度平均值，N 表示为所测算样本中包含的地市个数。

2010～2019 年河南省碳排放强度标准差及变异系数计算结果如表 4.18 所示。

表 4.18　　　　　　　　河南省工业碳排放强度标准差和变异系数

年份	标准差	变异系数
2010	0.442	0.379
2011	0.436	0.403
2012	0.394	0.411
2013	0.435	0.476
2014	0.491	0.529
2015	0.498	0.555
2016	0.467	0.568
2017	0.393	0.545
2018	0.472	0.596
2019	0.423	0.630
2020	0.402	0.569

4.4.2　基于 Theil 指数的空间相对差异测度方法

1）泰尔指数

Theil 指数（泰尔指数）是衡量个人之间或者地区之间差距（或者

称不平等度）的重要指标。这一指标最初由数学家香农（Shannon
C. E. ）和维纳（Wiener N. ）所建立，后在 1967 年，由荷兰经济学家
泰尔将其应用于经济分析及预测，提出以基于信息论的熵概念来衡量
不同地区（国家）或个人之间的收入差距，即泰尔指数。在研究区域
差异时，泰尔指数可分为区域总体差异、区域间差异和区域内差异。
泰尔指数介于 0 和 1 之间，数值越大则区域差异程度越大，数值越小
则区域差异程度越小。泰尔指数的具体计算公式如下：

$$T = \sum_{i=1}^{N} y_i \log \frac{y_i}{p_i} \tag{4.7}$$

其中，y_i 为 i 区域经济指标占整体的比重，p_i 为 i 区域人口数占整体的
比重。根据以收入数据计算加权权重的 Theil 指数模型［公式
(4.7)］，可以构建出适合本章探讨的河南省工业碳排放强度的 Theil 指
数模型，具体公式如下：

$$T_D = \sum_{i=1}^{N} D_i \log\left(\frac{D_i}{GDP_i}\right) \tag{4.8}$$

其中，T_D 是工业碳排放强度的总体泰尔指数，N 为地市数量（$N=18$），
D_i 表示 i 区域的工业碳排放强度指标占整体的比重，GDP_i 表示 i 区域
经济指标占整体的比重。

2）泰尔指数分解

在式（4.8）的基础上，可以建立河南省工业碳排放强度差异的一
阶分解模型。在对 Theil 指数进行一阶分解过程中，本章按照地理区位
将河南省总差异水平分解为豫中、豫东、豫南、豫西和豫北五大区域
的内部差异与区域间的差异。总差异的 Theil 指数如式（4.9）所示：

$$T_D = \sum_i \sum_j \left(\frac{D_{ij}}{D}\right) \log\left(\frac{\frac{D_{ij}}{D}}{\frac{GDP_{ij}}{GDP}}\right) \tag{4.9}$$

其中，T_D 是工业碳排放强度的总体泰尔指数，用以衡量河南省工业碳排放强度的总体差异，T_D 值越大，表示各地市之间工业碳排放强度的差异越大；D 表示所需要测度的河南省工业碳排放强度；D_{ij} 表示区域 i 第 j 地市的工业碳排放强度；GDP 表示河南省工业生产总值；GDP_{ij} 是区域 i 第 j 地市的工业生产总值。

如果定义第 i 区域的地市间差异为：

$$T_{D_i} = \sum_j \left(\frac{D_{ij}}{D}\right) \log\left(\frac{\frac{D_{ij}}{D_i}}{\frac{GDP_{ij}}{GDP_i}}\right) \tag{4.10}$$

则总差异 T_D 可被分解为：

$$T_D = \sum_i \left(\frac{D_i}{D}\right) + \sum_i \left(\frac{D_{ij}}{D}\right) \log\left(\frac{\frac{D_{ij}}{D_i}}{\frac{GDP_{ij}}{GDP_i}}\right) = T_{WR} + T_{BR} \tag{4.11}$$

其中，T_{WR} 表示碳排放强度区域内差异，T_{BR} 表示碳排放强度区域间差异。其具体计算公式如下：

$$T_{WR} = \sum_j \left(\frac{D_i}{D}\right) \cdot \sum_j \left(\frac{D_{ij}}{D}\right) \log\left(\frac{\frac{D_{ij}}{D_i}}{\frac{GDP_{ij}}{GDP_i}}\right) \tag{4.12}$$

$$T_{BR} = \sum_j \left(\frac{D_i}{D}\right) \cdot \log\left(\frac{\frac{D_i}{D}}{\frac{GDP_i}{GDP}}\right) \tag{4.13}$$

为探讨区域内差异与区域间差异对总体差异的影响，设 δ_{WR} 和 δ_{BR} 为区域内贡献率和区域间贡献率，具体计算公式如下：

$$\delta_{WR} = \frac{T_{WR}}{T_D} \tag{4.14}$$

$$\delta_{BR} = \frac{T_{WR}}{T_D} \qquad (4.15)$$

Theil 指数通常位于 0 和 1 之间，Theil 指数值越小，则表明所研究对象差异越小，Theil 指数值越大，则说明所研究对象差异越大。区域间贡献率为碳排放强度区域间差异 Theil 指数与总体 Theil 指数之比，区域内贡献率为加权后碳排放强度各区域内差异 Theil 指数之比。

4.5　河南省工业碳排放的空间差异的变动分析

4.5.1　河南省工业碳排放强度绝对差异的变动分析

通过使用极差、标准差和变异系数的统计方法分别对河南省工业碳排放强度的变异和趋同规律进行分析，可知 2010～2020 年河南省各地市碳排放强度的极差与标准差存在小幅波动，其波动范围在 0～1 之间。

从表 4.17 可以看出，2010～2012 年河南省工业碳排放强度的标准差呈现小幅增大趋势，2012～2019 年河南省工业碳排放强度的标准差则逐年减小，其中，2017～2019 年标准差下降明显，降幅较大；2010～2017 年河南省工业碳排放强度变异系数呈现上升趋势，但其上升幅度较小，2017～2019 年河南省工业碳排放强度变异系数总体呈现下降趋势。

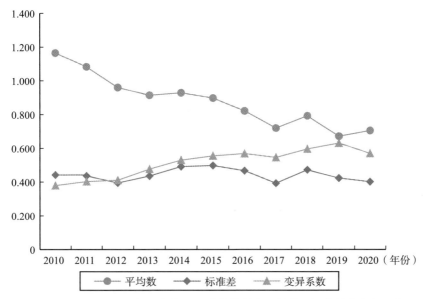

图 4.24　2010～2020 年河南省工业碳排放强度平均数、标准差和变异系数

根据图 4.24，总体来看，2010～2020 年河南省工业碳排放强度平均数、标准差和变异系数整体波动幅度较小，工业碳排放强度平均数总体呈现下降趋势，且降幅最大。2010～2019 年河南省工业碳排放强度变异系数呈现小幅上升趋势，2019 年工业碳排放强度变异系数最大，2010 年工业碳排放强度变异系数最小，10 年内变异系数数值较稳定，变化幅度较小，表明在此期间河南省内各地市碳排放强度差异性较小，整体较稳定。

4.5.2　基于 Theil 指数的空间相对差异的变动分析

基于 Theil 指数对河南省工业碳排放强度发展水平区域内差异和区域间差异进行分析，将河南省划分为豫中、豫东、豫南、豫西、豫北五个区域，河南省区域划分所包含的具体城市如表 4.19 所示。

表 4.19   河南省五大区域地市

区域	地市
豫中	郑州市、平顶山市、许昌市、漯河市
豫东	开封市、商丘市、周口市
豫南	南阳市、信阳市、驻马店市
豫西	洛阳市、三门峡市、焦作市、济源市
豫北	安阳市、鹤壁市、新乡市、濮阳市

河南省 2010～2020 年工业碳排放强度差异的泰尔指数、碳排放强度区域内差异 T_{WR}，碳排放强度区域间差异 T_{BR} 的计算结果如表 4.20 所示。

表 4.20   2010～2020 年河南省工业碳排放 Theil 指数

年份	T_{WR}	T_{BR}	Theil
2010	0.181	0.092	0.274
2011	0.227	0.091	0.318
2012	0.236	0.073	0.309
2013	0.262	0.076	0.338
2014	0.275	0.097	0.372
2015	0.280	0.113	0.393
2016	0.288	0.121	0.409
2017	0.272	0.117	0.389
2018	0.230	0.077	0.307
2019	0.332	0.205	0.537
2020	0.307	0.202	0.509

为了研究河南省工业碳排放强度的地市差异，我们运用泰尔指数及其一阶分解模型，测算了 2010～2020 年河南省 18 个地市工业碳排放

强度的总体差异、区域间差异和区域内各地市的差异，结果如表4.21所示。

表4.21 2010～2020 年河南省五大区域内部差异 Theil 指数

年份	T_{D_i}豫东	T_{D_i}豫中	T_{D_i}豫北	T_{D_i}豫南	T_{D_i}豫西
2010	0.089	0.182	0.073	0.120	0.349
2011	0.110	0.260	0.074	0.126	0.439
2012	0.167	0.289	0.052	0.106	0.456
2013	0.242	0.337	0.044	0.075	0.491
2014	0.278	0.357	0.044	0.047	0.507
2015	0.273	0.414	0.055	0.050	0.477
2016	0.272	0.439	0.061	0.052	0.479
2017	0.265	0.472	0.039	0.046	0.432
2018	0.333	0.171	0.044	0.039	0.462
2019	0.214	0.594	0.113	0.004	0.577
2020	0.219	0.618	0.094	0.008	0.486

图 4.25 是 2010～2020 年河南省五大区域工业碳排放强度 Theil 指数变化图，结合表4.21 和图4.25 可以看出，在河南省五大区域的工业碳排放强度内部差异中，豫南、豫北地区的内部差异较小，尤其是豫南地区，2010～2020 年内部差异 Theil 值大多在0.1 以下，内部差异极小。这表明豫南与豫北地区内部工业碳排放强度差异较小，其工业碳排放水平基本持平，其能源利用效率在区域内保持同一水平。由于豫南地区所包括的南阳市、信阳市、驻马店市的工业发展在城市产业结构中占比较低，城市生产总值对于工业发展依赖性较弱，对于河南省内碳排放强度的区域差异贡献率较低。

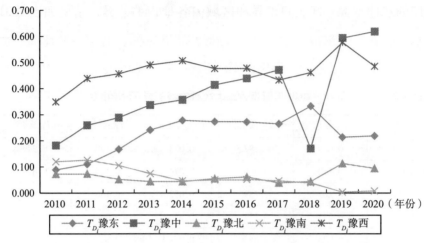

图 4.25　2010～2020 年河南省五大区域内部差异 Theil 指数变化

　　豫西地区的内部差异 Theil 指数则保持较高数值，表明豫西区域内部碳排放强度差异较大，对于河南省碳排放强度区域差异贡献度较高，表明豫西地区所包含的 4 个地市碳排放强度差异较大。由于豫西地区所包含的地市发展水平差异较大，城市经济结构、人口规模等存在较大差异，资源利用率、工业发展水平参差不齐，因而造成豫西地区内部差异较大。

　　从时间整体看，豫东、豫南、豫北区域的内部差异变化幅度较小，豫中地区的区域内部差异变化幅度较大。2010～2017 年豫中工业碳排放强度区域内差异 Theil 指数逐渐增大，整体保持上升趋势。2018 年，平顶山市工业碳排放强度下降态势明显，而济源市工业碳排放强度则上升 0.2 万吨标准煤/万人，由此豫中区域内产生较大差异，相比于 2017 年工业碳排放强度区域内差异 Theil 指数下降了 63.85%，表明 2018 年豫中地区各地市工业碳排放强度差异较小，但 2019 年区域内差异 Theil 指数又上升至 0.594，相较于 2018 年增大 0.423，上升了 248.38%。

2018 年平顶山市发布《平顶山市环境污染防止攻坚战三年行动实施方案（2018—2020 年）》，响应党的十九大号召，对治理环境问题进行重大决策部署，因此，2018 年平顶山市的碳排放量、碳排放强度均出现明显下降。2018 年平顶山市大力调整优化能源消费结构、区域产业结构，削减煤炭消费总量，大力提倡清洁能源的使用，削减低效产能，推进高污染企业搬迁改造，因而其碳排放强度在 2018 年取得明显的下降成果。

总体来看，河南省豫中区域的碳排放强度差异呈现逐步扩大—骤然下降—迅速回升的波浪式变化趋势。2010～2017 年豫东、豫西和豫北地区内部差异水平相差不大，变化幅度较小，工业碳排放强度差异保持稳定态势；2017～2020 年这三个区域的内部差异 Theil 指数出现较大差异，豫东和豫北地区呈现下降趋势，地区内差异逐步缩小，而豫西地区的内部差异 Theil 指数则呈现上升趋势，区域内工业碳排放强度差异逐步扩大。

通过图 4.26 发现，在不同阶段，工业碳排放强度总体差异、区域间差异和区域内差异的变化规律不尽相同。2010～2020 年工业碳排放强度区域间差异较小，整体变化幅度不大，但在 2018 年河南省工业碳排放强度和泰尔指数均出现大幅下降，表明 2018 年省内各区域间碳排放差异较小，2019 年及 2020 年恢复至 2018 年以前差异水平。

总体 Theil 指数数值较小，但变化幅度较大，这表明河南省内各区域工业碳排放强度与河南省总体碳排放强度差异性较大，工业碳排放总量与工业生产总值不匹配的波动性加剧。区域间的工业碳排放强度 Theil 系数远低于区域内差异和总体差异，这表明河南省内各区域间整体差异较小。河南省工业碳排放强度总体差异 Theil 指数与区域内差异 Theil 指数变动趋势存在较强的一致性，2010～2017 年整体呈上升趋势。

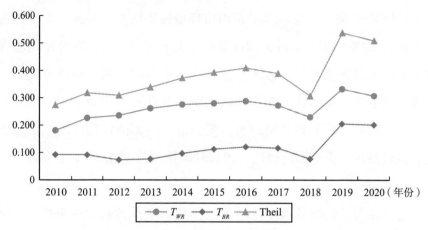

图 4.26　2010～2020 年河南省五大区域内部差异 Theil 指数变化

　　从表 4.22 和图 4.27 来看，2010～2020 年河南省工业碳排放强度区域内差异对总体差异的贡献率均保持在 60% 以上，远高于区域间差异对总体差异的贡献率。从 Theil 指数的分解结果来看，造成河南省内工业碳排放强度不平衡性的主要原因来自河南省五大区域内的碳排放强度的不平衡性，这也是造成河南省工业碳排放强度总体分布差异的主要原因。

表 4.22　2010～2020 年河南省 Theil 指数区域内贡献率和区域间贡献率

单位：%

年份	δ_{WR}	δ_{BR}
2010	66.24	33.76
2011	71.31	28.69
2012	76.31	23.69
2013	77.46	22.54
2014	74.03	25.97
2015	71.32	28.68

续表

年份	δ_{WR}	δ_{BR}
2016	70.37	29.63
2017	70.00	30.00
2018	74.95	25.05
2019	61.79	38.21
2020	60.40	39.60

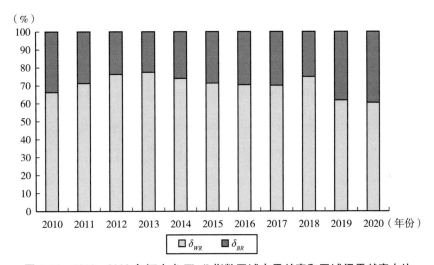

图 4.27　2010~2020 年河南省 Theil 指数区域内贡献率和区域间贡献率占比

2010~2013 年区域内差异的贡献率呈现小幅上升趋势，区域间差异的贡献率呈现小幅下降趋势；2013~2020 年区域内差异的贡献率总体呈现下降趋势，区域间差异的贡献率呈现逐渐上升趋势。这表明近年来河南省内各区域间工业碳排放强度差异在逐步增大，而各区域内的碳排放强度差异正在逐步缩小，呈现出一定的收敛趋势。

4.6　本　章　小　结

本章从河南省工业碳排放的时间变化特征、空间分布特征以及空间差异分析三个方面进行分析，以时间和空间为两个主要维度展开讨论，探讨了 2010～2020 年河南省工业碳排放的时空演变特征；通过工业碳排放总量、工业碳排放强度以及人均碳排放量三个主要指标分析河南省工业碳排放的基本情况；利用定性、定量分析的思维，基于 Theil 指数对河南省工业碳排放进行差异变动分析。得出以下结论：

（1）总体上，2010～2020 年河南省工业碳排放总量呈现缓慢下降趋势，东南部地区碳排放量少于西北部地区，整体形成"北高南低，西高东低"的工业碳排放空间格局。城市生产总值对工业依赖程度较高的城市人均碳排放量较高，城市经济结构、发展水平以及资源利用率对于城市碳排放水平都有较大影响。2010～2020 年河南省工业碳排放强度呈现下降趋势，可知近年来河南省积极进行产业结构调整，能源结构优化取得了一定进展。碳排放总量与经济总量、城市发展水平和结构具有相关关系，但人均碳排放强度值与经济总量无必然相关关系，而是与该地市不同经济阶段、城市发展规模相关。

（2）时间上，碳排放量先增后减，碳排放强度下降趋势明显。2010～2013 年河南省各地市工业碳排放总量均处于上升趋势，2013～2020 年则保持下降态势，期间虽有小幅回升，但总体降速明显。

（3）空间上，碳排放总量呈现出"中间高，四周低"的分布格局，东部及南部地区碳排放量波动性小，碳排放量的数值变化较小；碳排放强度呈现"西北高，东南低"的分布格局，在煤炭资源丰富的山地丘陵地区或工业型城市，其城市整体国内生产总值对工业依赖程度较高，碳排放强度较高，而对于资源消耗型产业发展较为缓慢的城市，其碳排放强度较低，明显的区域性特征与化石能源的分布情况一致。

在空间差异性分析中，本章首先利用极差、标准差来确定 2010～2020 年河南省工业碳排放强度差异的变化及离散程度，明确指标较高的地市及其原因，随后通过建立对 Theil 指数的一阶分解模型来衡量河南省区域工业碳排放强度的空间差异，并通过数据研究找到工业碳排放强度差异的变化来源。结果表明，河南省工业碳排放强度的绝对差异正在逐步减小，相对差异呈现扩大趋势；五大区域间的内部差异是导致河南省工业碳排放强度总体差异的主要原因（约占 60%），而五大区域间差异对总体差异造成的影响较小（约占 40%）；同时，区域内的差异呈现缩小趋势，而区域间的差异呈现扩大趋势。

第 5 章
基于 LMDI 模型的河南省工业
碳排放影响因素分析

根据第 4 章河南省工业行业的发展现状和时空演化研究分析，已获得了关于 2010～2020 年河南省工业碳排放量、碳排放强度和能源消耗情况等历史发展数据。本章基于前章公式（4.1）计算得到的碳排放数据以及提出的一些评价指标值，结合相关文献研究，进一步分析碳排放的主要影响因素及其驱动效应和实际贡献率，致力于找出影响河南省工业碳排放的关键驱动因素。本章的研究内容包含三个部分：首先，引入 Kaya 恒等式，并根据实际的研究对象进行模型扩展，然后将该等式与对数平均迪氏指数（LMDI）模型相结合构建因素分解模型；其次，具体解释说明分解指标因素的选取原则和数据来源；最后，根据 LMDI 的因素分解结果进一步分析驱动效应及因素贡献率，识别出关键的驱动因素。

5.1　因素分解模型构建

5.1.1　Kaya 恒等式及其拓展

为了研究碳排放等环境问题，日本学者卡亚（Kaya）在 1989 年召开的 IPCC 研讨会上初次提出了 Kaya 恒等式。在此恒等式中，碳排放量被分解成为能源消费、经济水平与人口变化三个主要方面的驱动因素的共同作用结果。Kaya 恒等式在解决气候变暖、有害气体排放等相关环境问题的过程中得到了广泛的运用。Kaya 恒等式的原始方程如式（5.1）所示，碳排放量采用碳排放强度$\left(\dfrac{C}{E}\right)$、能源强度$\left(\dfrac{E}{GDP}\right)$、人均产值$\left(\dfrac{GDP}{P}\right)$以及人口规模（$P$）这 4 个因素来进行分解和表示。

$$C = \frac{C}{E} \times \frac{E}{GDP} \times \frac{GDP}{P} \times P \tag{5.1}$$

其中，C 代表二氧化碳排放量，E 代表各种一次能源的消耗总量，GDP 代表研究区域的地区生产总值，P 代表研究区域的人口规模。

目前，Kaya 恒等式被视为研究碳排放量驱动因素的主流方法之一，在阐释全球历史碳排放变化的原因方面发挥着举足轻重的作用。该等式具有以下优点：分解结果无残差、数学模型的形式简洁和对驱动因素的解释力强等。因此，Kaya 恒等式在解决碳排放问题的科学研究领域引起了广泛的关注与实践应用。

此外，诸多科研学者往往借助 Kaya 恒等式良好的拓展性，将上述原始方程式（5.1）根据实际的研究对象进行灵活变换和分解以满足要求。该理论已在环境保护和能源经济等诸多领域的研究课题中得到了广泛应用。目前对碳排放因素的分解有多种不同的视角，通常根据具体情境从能源结构、产业结构、人口规模和经济水平等角度切入。本章节结合相关文献研究和河南省工业行业发展实际，从能源、经济和环境等多个角度出发，选择了 5 个指标作为因素分解模型的变量，对原等式进行分解和拓展。拓展后的 Kaya 恒等式如式（5.2）所示：

$$C = \sum \frac{C}{E_i} \times \frac{E_i}{E} \times \frac{E}{IO} \times \frac{IO}{GDP} \times \frac{GDP}{P} \times P \qquad (5.2)$$

其中，C 为二氧化碳排放总量；E 为各类能源的消费总量；IO 为河南省工业生产总值；GDP 为河南省的地区生产总值；P 为河南省的人口总数；i 表示不同的能源种类。

另外，还可进一步将各影响因子简化定义为：碳排放系数因子 $C_i = \frac{C}{E_i}$，表示消耗单位第 i 种能源的碳排放量；能源结构因子 $ES_i = \frac{E_i}{E}$，表示第 i 种能源的消费总量在能源消费总量中的占比；能源强度因子 $EI = \frac{E}{IO}$，表示单位工业生产总值的能源消耗总量；产业结构因子 $IS = \frac{IO}{GDP}$，表示工业总产值占地区生产总值的比重；经济发展水平因子 $ED = \frac{GDP}{P}$，表示地区人均生产总值；人口规模因子 PS。

因此，式（5.2）就可以进一步改写如下：

$$C = \sum C_i \times ES_i \times EI \times IS \times ED \times PS \qquad (5.3)$$

5.1.2　基于 LMDI 模型的碳排放分解公式构建

因素分解法是能源消费和低碳减排等研究领域广泛使用的一种重要的研究方法。它最优越的作用在于，能够帮助研究者把只反映研究对象的表面性质、状态或特点等的一系列繁杂的变量，通过模型简化成为只需要少数几个，就足够反映研究对象的内在的、固有的或决定对象本质特征的因素之间的相互作用关系。

因素分解法主要分为指数因素分解法（IDA）和结构因素分解法（SDA）两大类，并且每一大类之下还可以细分出多种小类。其中，IDA 方法较为常用，该方法的细分小类中又以拉式因素分解法（LI）和迪氏因素分解法（DI）为主。昂（Ang）基于 DI 法提出了 LMDI 模型。利用 LMDI 模型进行因素分解，分解结果中不会包含无法被解释的残差项，并且该模型还能够有效地解决原数据的负值和零值问题。LMDI 模型包括了"加法分解"和"乘法分解"两种主要的形式，两种形式的分解结果都具有唯一性的特点，并且二者的结果之间还存在着一致性，因此可以实现相互转换。

根据文献分析发现，LMDI 模型中的"加法分解"形式的分解结果与"乘法分解"形式的结果相比会更为直观。因此，本章节基于前文中扩展后的 Kaya 恒等式（5.3），采用"加法分解"形式对河南省工业碳排放进行因素分解。河南省工业碳排放影响因素的综合效应在此被分解为 6 种效应的共同作用结果：碳排放系数、能源结构、能源强度、产业结构、经济发展水平以及人口规模。基于此，可以构建出如式（5.4）所示的因素分解公式模型。IPCC 假定的是各类能源的碳排放系数都不会随时间推移而发生变化，因此，碳排放系数在此处的作用效应可以忽略不计。

$$\Delta C = C_T - C_0 = \Delta C_{ES} + \Delta C_{EI} + \Delta C_{IS} + \Delta C_{ED} + \Delta C_{PS} \qquad (5.4)$$

其中，ΔC 为第 0 年至第 T 年河南省工业行业能源消耗产生的碳排放总量的变化数值；C_T 为末期（第 T 年）河南省工业行业能源消耗产生的碳排放总量；C_0 为基期（第 0 年）河南省工业行业能源消耗产生的碳排放总量；ΔC_{ES} 为基期至末期河南省工业行业的能源消费结构变化所引起的碳排放总量变化数值；ΔC_{EI} 为基期至末期河南省工业行业的能源消费强度变化所引起的碳排放总量变化数值；ΔC_{IS} 为基期至末期河南省的产业结构变化所引起的碳排放总量变化数值；ΔC_{ED} 为基期至末期河南省的经济发展水平变化所引起的碳排放总量变化数值；ΔC_{PS} 为基期至末期河南省的人口规模变化所引起的碳排放总量变化数值。分解后的不同因素对碳排放总量的贡献值的基本方程式分别如式（5.5）~式（5.9）所示：

$$\Delta C_{ES} = \sum_i \frac{C_{iT} - C_{i0}}{\ln C_{iT} - \ln C_{i0}} \ln\left(\frac{ES_{iT}}{ES_{i0}}\right) \qquad (5.5)$$

$$\Delta C_{EI} = \sum_i \frac{C_{iT} - C_{i0}}{\ln C_{iT} - \ln C_{i0}} \ln\left(\frac{EI_T}{EI_0}\right) \qquad (5.6)$$

$$\Delta C_{IS} = \sum_i \frac{C_{iT} - C_{i0}}{\ln C_{iT} - \ln C_{i0}} \ln\left(\frac{IS_T}{IS_0}\right) \qquad (5.7)$$

$$\Delta C_{ED} = \sum_i \frac{C_{iT} - C_{i0}}{\ln C_{iT} - \ln C_{i0}} \ln\left(\frac{ED_T}{ED_0}\right) \qquad (5.8)$$

$$\Delta C_{PS} = \sum_i \frac{C_{iT} - C_{i0}}{\ln C_{iT} - \ln C_{i0}} \ln\left(\frac{PS_T}{PS_0}\right) \qquad (5.9)$$

不同分解因素的贡献率分别如式（5.10）~式（5.14）所示：

$$r_{ES} = \frac{\Delta C_{ES}}{\Delta C} \times 100\% \qquad (5.10)$$

$$r_{EI} = \frac{\Delta C_{EI}}{\Delta C} \times 100\% \qquad (5.11)$$

$$r_{IS} = \frac{\Delta C_{IS}}{\Delta C} \times 100\% \qquad (5.12)$$

$$r_{ED} = \frac{\Delta C_{ED}}{\Delta C} \times 100\% \qquad (5.13)$$

$$r_{PS} = \frac{\Delta C_{PS}}{\Delta C} \times 100\% \qquad (5.14)$$

其中，r_{ES} 为基期至末期河南省工业行业能源消费结构变化对碳排放总量的贡献程度；r_{EI} 为基期至末期河南省工业行业的能源消费强度变化对碳排放总量的贡献程度；r_{IS} 为基期至末期河南省的产业结构变化对碳排放总量的贡献程度；r_{ED} 为基期至末期河南省的经济发展水平变化对碳排放总量的贡献程度；r_{PS} 为基期至末期河南省的人口规模变化对碳排放总量的贡献程度。

此外，在式（5.4）中，ΔC 为各因素产生的历年碳排放较基准期的累计总效应。因此，本节还引入碳排放变动因子 k 及其对应的贡献率 P，进一步分析各因素的驱动效应。其中，k 的数值为历年 ΔC 的同比差值，具体计算公式如下：

$$\dot{k} = \Delta C_T - \Delta C_{T-1} \qquad (5.15)$$

式（5.15）中，当 $k > 0$ 时，说明第 T 年相对第 $T-1$ 年的碳排放发生了正向变动；当 $k < 0$ 时，说明第 T 年相对第 $T-1$ 年的碳排放发生了负向变动。

贡献率 P 表示各影响因素在某阶段的 k 值占该阶段所有影响因素 k 值总和的比重，公式如下：

$$P = \frac{k_c}{k} \qquad (5.16)$$

式（5.16）中，当 $P>0$ 时，说明影响因素对该阶段的碳排放变动有所促进；当 $P<0$ 时，说明影响因素对该阶段的碳排放变动有所抑制。

5.2　指标分析与数据来源

（1）能源结构。能源结构是影响碳排放量变化的重要因素之一，该因素不仅能够对国民经济中的各部门最终用能方式产生直接的影响，还能反映出一个国家（或地区）的国民生活水平指数。河南省煤炭资源丰富，能源消费总量中的煤炭占比长久以来都高于全国水平，至 2021 年才仅降至 67%，形成了以煤为主的能源结构。对煤炭等非清洁化石能源的过度依赖是造成河南省工业行业高碳排放最直接的原因之一。此外，化石能源由于自身的独特性质，其碳排放系数会远高于其他更为清洁的能源品种的排放系数，燃烧的过程中就会产生更为庞大的碳排放量，这无疑会对一个国家（或地区）的碳减排工作造成巨大的阻力。《河南"十四五"现代能源体系和碳达峰碳中和规划》中提出，河南省全省煤炭消费占比到 2025 年要降至 60%。为了促进这一目标的实现，需要具体把握河南省的能源消费结构对碳排放的实际影响效应，进而制定有针对性的用能战略以推进能源结构转型目标的实现。本章节用 ES 代表各类能源的消费总量占所有能源消费总量的比重，基于此数值来表现和研究河南省能源结构的状况。

（2）能源强度。能源强度指标反映出的是一个地区的经济发展对能源消耗的依赖程度，体现在数值上就等于该地区创造单位国内生产总值所需要消耗的能源总量。能源强度指标的数值越小，就说明单位国内生产总值消耗的能源总量越少、创造出的单位国内生产总值的质量水平也就越高、该区域的能源利用技术也就越成熟。因此，当前的研究也常用能源强度反映区域的技术创新水平。本章节用 EI 代表河南省的能源消费总量与当期内该地区实际创造的国内生产总值的比值，基于此数值来表现和研究河南省的能源强度状况。

（3）产业结构。产业结构指标不仅表现着不同产业类型之间的相互转化关系，还能显示出每种产业自身的内部调整情况。其中，第二产业在河南省的经济和社会发展历史进程中始终都处于一个关键的位置，特别是第二产业中的工业行业对全省的生产总值的增长具有巨大的拉动作用。然而，由于工业行业自身的工艺流程存在着一定特点，使得工业行业在其日常生产活动过程中需要消耗大量的化石能源，这就会不可避免地导致大量的二氧化碳排放。本章节用 IS 代表工业行业的总产值与该地区同时期内的生产总值的比值，基于此数据来表现和研究河南省的产业结构变化状况。

（4）经济发展水平。本章节以人均国内生产总值来代表河南省的经济发展水平，它能够较为准确地体现国民的富裕程度。首先，能源消费的总量必然会随着人民生活水平的提高而不断增加，因此也必然会对环境造成越来越明显的不良影响。但是参考碳排放强度的概念解释又可以发现，如果碳排放量的增长速度低于人均国内生产总值的增长速度，那么碳排放强度水平就会下降。考虑到二者之间这一复杂的变化关系，经济发展水平对一个区域的碳排放的影响效果是很难准确界定的，因此，就只能用碳排放量变化速度与人均国内生产总值的增长速度的相对大小来衡量。本章节选择人均国内生产总值来反映和研究河南省的经济发展状况，经济发展水平用 ED 表示。

（5）人口规模。人口数量的变化对碳排放量变化的作用是呈正相关的。正是庞大的人口基数和经济水平的持续增长等原因，使我国成为世界上最大的温室气体排放国之一，因此，研究人口规模对一个地区碳排放量的影响效果很有必要。人口规模主要通过两种效应对一个区域的能源消费碳排放量产生影响："人群效应"和"文明效应"。"人群效应"指的是人口数量与能源的需求量之间呈现正相关关系，所以对碳排放量也有着正向驱动作用；"文明效应"指的是城镇公用基础设施的使用效率会随着人口的集聚而不断提高，但是随着国民低碳意识的不断增强，又反而会降低能源消耗量和碳排放量，对碳排放发挥着负向的抑制作用。总的来说，人口规模对碳排放的影响效果还没有办法准确界定。本章节用 PS 代表年末常住人口数量，基于此数据来反映和研究河南省的人口规模状况。

5.3　河南省工业碳排放影响因素分析

根据 LMDI 模型，得到 2010～2020 年河南省工业碳排放各影响因素的各年累计以及逐年变动情况的分解结果。

5.3.1　变动量绝对值及贡献率排序

1）碳排放影响因素累积效应分析

根据式（5.4）～式（5.9），可以得到 2010～2020 年每一年的能源结构（Δ_{ES}）、能源强度（Δ_{EI}）、产业结构（Δ_{IS}）、经济发展水平（Δ_{ED}）和人口规模（Δ_{PS}）各因子对河南省工业碳排放的贡献值，具体如表 5.1 所示。

表 5.1   2010～2020 年河南省工业碳排放各影响因素累积效应贡献值

年份	Δ_{ES}	Δ_{EI}	Δ_{IS}	Δ_{ED}	Δ_{PS}	Δ_C
2011	−2603.28	291.10	−136.24	2623.28	108.18	283.04
2012	−2504.55	−1609.55	−610.49	4157.53	240.17	−326.89
2013	−2478.14	−2197.17	−1083.37	5759.21	322.58	323.11
2014	−2506.88	−3762.30	−1431.51	7165.37	454.17	−81.15
2015	−2523.86	−5514.79	−1811.95	8052.82	540.33	−1257.45
2016	−2497.13	−6710.62	−2232.70	9272.44	673.06	−1494.95
2017	−2469.80	−8638.63	−2394.66	10943.62	756.03	−1803.44
2018	−2433.68	−10587.51	−3214.99	12123.71	777.83	−3334.65
2019	−2343.15	−12009.15	−3542.03	12808.39	810.72	−4275.21
2020	−2380.73	−11705.17	−4022.72	13100.70	873.30	−4294.51

根据表 5.1 数据，可以得到如图 5.1 所示的 2010～2020 年河南省工业碳排放各影响因素累积效应贡献值直观图。

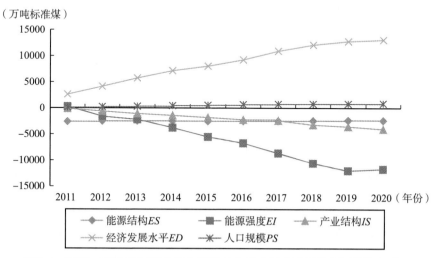

图 5.1   2010～2020 年河南省工业碳排放各影响因素累积效应贡献值直观图

　　由表 5.1 和式（5.10）~ 式（5.14）还可以得到 2010 ~ 2020 年各影响因素对河南省工业碳排放的累计贡献率和平均贡献率，如表 5.2 所示。

表 5.2　　　　　　　　2010 ~ 2020 年河南省工业碳排放各影响因素贡献率

影响因素	Δ_{ES}	Δ_{EI}	Δ_{IS}	Δ_{ED}	Δ_{PS}
累积贡献值	− 2380.73	− 11865.06	− 4022.72	13100.70	873.30
平均贡献率	0.55	2.76	0.94	− 3.05	− 0.20

　　由表 5.2 的数据分析得到，2010 ~ 2020 年河南省工业碳排放各影响因素的平均贡献率数值，将其绝对值对比排序如下：经济发展水平因素 > 能源强度因素 > 产业结构因素 > 能源结构因素 > 人口规模因素。上述排序结果表明经济发展水平是对河南省工业碳排放影响程度最大的因素，其次是能源强度因素。此外，从因素的数据符号来看，经济发展水平对碳增长的贡献度最大，而能源强度对碳减排的贡献度最大。

　　结合图 5.1 可以看出，首先，所列因素中经济发展水平和人口规模对河南省工业碳排放具有正向贡献值，经济发展水平因素的绝对值最大且始终呈现较大幅度的增长趋势，说明经济发展水平是影响河南省工业碳排放的主要因素，且随着经济发展引起碳排放量增加的现象也愈发明显，人口规模因素的原始数值变动较小，其贡献率仅为 0.2 且呈现长期稳定的状态，说明相较其他因素，人口规模对河南省工业碳排放的影响微乎其微，但也有可能是因为人口增长速度缓慢导致的影响效果不显著；其次，其余三个具有负向贡献值的因素中，能源强度因素的贡献度绝对值最大且逐年增加，能源结构和产业结构因素的贡献度较少并且二者作用程度差异较小，说明能源强度因素在河南省工业碳减排进程中发挥着较为重要的促进作用。

2）碳排放变动量绝对值分析

根据表 5.1 及公式（5.15），得到 2010～2020 年各阶段的能源结构效应（$k_{C_{ES}}$）、能源强度效应（$k_{C_{EI}}$）、产业结构效应（$k_{C_{IS}}$）、经济发展水平效应（$k_{C_{ED}}$）和人口规模效应（$k_{C_{PS}}$），结果如表 5.3 所示。

表 5.3   2010～2020 年河南省工业碳排放变动因子 k   单位：万吨二氧化碳

阶段	$k_{C_{ES}}$	$k_{C_{EI}}$	$k_{C_{IS}}$	$k_{C_{ED}}$	$k_{C_{PS}}$	k	变动
2011～2012 年	98.72	−1900.65	−474.25	1534.26	132.00	−609.92	−
2012～2013 年	26.42	−587.62	−472.88	1601.68	82.41	650.00	+
2013～2014 年	−28.75	−1565.13	−348.14	1406.16	131.59	−404.27	−
2014～2015 年	−16.98	−1752.49	−380.44	887.45	86.16	−1176.29	−
2015～2016 年	26.73	−1195.83	−420.75	1219.63	132.73	−237.50	−
2016～2017 年	27.33	−1928.01	−161.96	1671.18	82.98	−308.49	−
2017～2018 年	36.12	−1948.88	−820.33	1180.09	21.79	−1531.20	−
2018～2019 年	90.53	−1421.64	−327.03	684.68	32.89	−940.57	−
2019～2020 年	−37.58	144.09	−480.69	292.31	62.58	−19.30	−
合计	260.13	−12300.24	−3405.78	10185.11	702.54	−4558.25	−

注："＋"表示正变动，"－"表示负变动。

根据表 5.3 所列数据，可绘出如图 5.2 所示的 2010～2020 年河南省工业碳排放变动因子 k 的直观图。

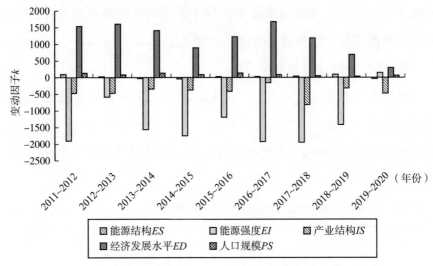

图 5.2 2010～2020 年河南省工业碳排放变动因子 k 直观图

由表 5.3 可知，在 2010～2020 年中，只有一个阶段为碳排放正变动阶段，其余皆为负变动阶段。其中，2012～2013 年为碳排放正变动阶段，对应前文碳排放量的变动趋势图可知该阶段为碳增排时期，碳排放量从 19494.80 万吨增加至 20132.11 万吨。同样从表 5.3 可知，2011～2012 年、2013～2014 年、2014～2015 年、2015～2016 年、2016～2017 年、2017～2018 年、2018～2019 年和 2019～2020 年这八个阶段均为碳排放负变动阶段，对应前文碳排放量变动趋势图可知这八个阶段均为碳减排时期。各阶段的碳排放变动因子 k 的排序如下：$|k_{2019～2020}| > |k_{2015～2016}| > |k_{2016～2017}| > |k_{2013～2014}| > |k_{2011～2012}| > |k_{2018～2019}| > |k_{2014～2015}| > |k_{2017～2018}|$。其中，2011～2012 年从 20221.07 万吨下降到 19494.80 万吨；2013～2014 年从 20132.11 万吨下降到 19734.35 万吨；2014～2020 年的碳减排数值变化过程为：2014 年从 19734.35 万吨下降到 2015 年的 18587.41 万吨，2016 年下降到 18286.97 万吨，2017 年下降到 17938.23 万吨，2018 年下降到 16254.03 万吨，

2019 年下降到 15123.62 万吨,最后在 2020 年下降到 15098.56 万吨。

由此可见,碳排放变动量的升降情况并非无趋势可循,并且其变动趋势还可反映对应时期内实际碳排放的变化特征。$|k|$ 越大,表示所处阶段的碳排放变动量越多,同时也可说明该阶段的碳增排或者减排的速度越快、力度越大。

3)碳排放影响因素贡献率排序

根据表 5.3 和公式(5.16)可以得到各变动因子对河南省工业碳排放的贡献率 P,如表 5.4 所示。

表 5.4　　　　2010~2020 年河南省工业碳排放变动因子贡献率

单位:万吨二氧化碳

阶段	$P_{C_{ES}}$	$P_{C_{EI}}$	$P_{C_{IS}}$	$P_{C_{ED}}$	$P_{C_{PS}}$	P	变动
2011~2012 年	-0.16	3.12	0.78	-2.52	-0.22	1	-
2012~2013 年	0.04	-0.90	-0.73	2.46	0.13	1	+
2013~2014 年	0.07	3.87	0.86	-3.48	-0.33	1	-
2014~2015 年	0.01	1.49	0.32	-0.75	-0.07	1	-
2015~2016 年	-0.11	5.04	1.77	-5.14	-0.56	1	-
2016~2017 年	-0.09	6.25	0.53	-5.42	-0.27	1	-
2017~2018 年	-0.02	1.27	0.54	-0.77	-0.01	1	-
2018~2019 年	-0.10	1.51	0.35	-0.73	-0.03	1	-
2019~2020 年	1.95	-7.47	24.91	-15.15	-3.24	1	-
合计	-0.36	21.64	4.41	-16.34	-1.37	1	-

注:"+"表示正变动,"-"表示负变动。

根据表 5.4 得到的数据,同样可以绘出如图 5.3 所示的 2010~2020 年河南省工业碳排放变动因子贡献率直观图。

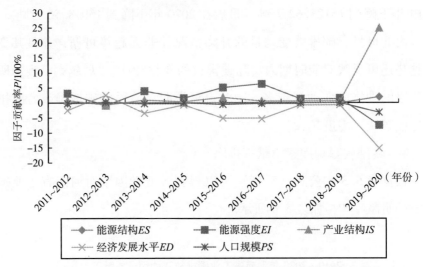

图 5.3　2010～2020 年河南省工业碳排放变动因子贡献率直观图

结合表 5.3 和表 5.4 的数据，可以绘制出如图 5.4 所示的 $k - P$ 散点分布图。

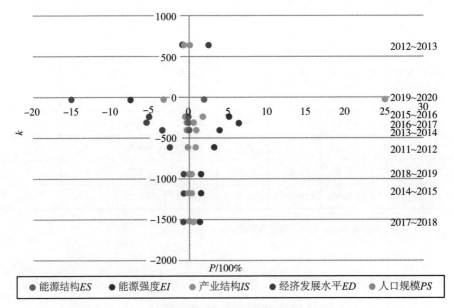

图 5.4　$k - P$ 散点分布图

通过观察图 5.4，可以对碳排放各个影响因子的贡献率进行排序，从而确定主要的驱动因子。影响因子贡献率以最先出现在正方向的因子为大进行排序，得到如表 5.5 所示的贡献率排序。首先，第一象限和第二象限（$k>0$）为碳排放正变动区域。其中，促进碳排放正变动的因子分布于第一象限（$P>0$），排序结果为：经济发展水平 > 人口规模 > 能源结构；抑制碳排放正变动的因子分布于第二象限（$P<0$），绝对值排序结果为：能源强度 > 产业结构。其次，第三象限和第四象限（$k<0$）为碳排放负变动区域。其中，促进碳排放负变动的因子分布于第四象限（$P>0$），排序结果为：产业结构 > 能源强度 > 能源结构；抑制碳排放负变动的因子分布于第三象限（$P<0$），绝对值排序结果为经济发展水平 > 能源强度 > 人口规模 > 能源结构。

由此可见，产业结构是促进碳排放负变动的主要影响因子，经济发展水平为抑制碳排放负变动的主要影响因子；经济发展水平是促进碳排放正变动的主要影响因子，能源强度为抑制碳排放正变动的主要影响因子。此外，还可以发现抑制碳排放负变动和促进碳排放正变动的主要影响因子均为经济发展水平，其余因子的驱动效应则较为复杂，还需要分阶段具体分析。贡献率 P 反映各因子对变动量的促进或抑制作用，且绝对值越大，对所处阶段碳增排（减排）的促进（抑制）作用越明显。

表 5.5 碳排放影响因子排序

各阶段碳排放状态	促进	抑制
正变动（碳增排）	$ED > PS > ES$	$EI > IS$
负变动（碳减排）	$IS > EI > ES$	$ED > EI > PS > ES$

5.3.2　影响因素驱动效应及贡献率分析

1）能源结构效应

由表 5.4 和图 5.3 可知，能源结构因子对碳排放变动量的贡献率大体为负，说明能源结构因子对河南省工业碳排放的正（负）变动大体呈现阶段性的抑制作用（除 2012~2015 年、2019~2020 年为促进作用外），且每个阶段的作用程度起伏不大。首先，与其他因子相较之下，在碳排放唯一的正变动阶段 2012~2013 年，能源结构因子对此正变动阶段的促进贡献率为 4%，贡献值为 26.42 万吨，居最后一位。其次，在碳排放负变动的八个阶段中，只有 2013~2014 年、2014~2015 年和 2019~2020 年这三个阶段，能源结构因子对负变动的促进贡献率为正，但都居于末尾水平，分别为 7%、1% 和 195%，贡献值分别为 -28.75 万吨、-16.98 万吨和 -37.58 万吨。而在 2011~2012 年、2015~2016 年、2016~2017 年、2017~2018 年、2018~2019 年五个阶段中，能源结构因子对碳排放负变动的促进贡献率都为负，即抑制了碳负变，但抑制水平不高。其中，2011~2012 年对碳排放负变动的贡献率最大，达到了 -16%，但贡献程度仍居最后一位，贡献值为 98.72 万吨；2017~2018 年对碳排放负变动的贡献率最小，仅有 -2%，贡献值仅为 -39.92 万吨。

此外，从能源结构引起的碳排放变动量来看，2010~2020 年河南省工业碳排放变动总量中能源结构因子的累积效应为 260.13 万吨，贡献率为 -36%，居抑制碳排放量负变动的第三位，也是最后一位。其中，2019~2020 年贡献的负变动最多，为 -37.58 万吨，贡献率为 195%；其次是 2013~2014 年的 -28.75 万吨的贡献值，贡献率为 7%；

另外在 2013~2019 年能源结构的贡献值逐年增加，但贡献率高低飘忽不定且总体水平较低。由此可见，河南省工业行业在 2010~2020 年通过能源结构的调整所体现的碳减排效果不显著且不够稳定，虽然贡献值有所增加，但贡献率却呈现下降趋势。因此，建议在能源结构调整过程中，除关注能源利用率外，还应重视可再生清洁能源及新能源的使用，科学调整能源结构。

2）能源强度效应

由表 5.5 可知，能源强度是促进河南省工业碳减排最主要的因素。能源强度因素对碳排放变动量的贡献率大体为正，说明该因子对河南省工业碳排放正（负）变动呈现阶段性的促进作用（除 2012~2013 年和 2019~2020 年为抑制作用外）。由表 5.4 和图 5.3 可知，相较其余因子，首先，在碳排放正变动阶段，2012~2013 年能源强度因子对正变动的促进贡献率为 -90%，即发挥了抑制正变动的作用，且抑制碳排放正变动的效果在所有因子中居第一位，贡献值为 -587.62 万吨；其次，在碳排放负变动的八个阶段中，2011~2012 年、2013~2019 年的所有阶段中能源强度因子对于负变动的促进作用都为正，且对负变动的促进贡献作用均居于所有因子中的第一位，其中，最大的贡献率为 2016~2017 年的 625%，贡献值为 -1928.01 万吨；最小的贡献率在 2017~2018 年，数值也有 127%，贡献值为 -1948.88 万吨。但在 2017 年达到峰值以后的贡献率和贡献值都出现剧烈下降，到 2019~2020 年阶段的作用效果甚至从促进碳排放负变动转变为了抑制碳排放负变动。

此外，从能源强度因子引起的碳排放变动量来看，2010~2020 年河南省工业碳排放变动总量中能源结构因子的累积效应为 -12300.24 万吨，贡献率为 2164%，居促进碳排放负变动的第一位。其中，2017~2018 年贡献的负变动值最大，有 -1948.88 万吨，此时贡献率为 625%；

最少的贡献值为 2019~2020 年的 144.09 万吨，贡献率为 -747%。同时，2010~2020 年各阶段的能源强度效应引起的碳排放变动趋势与这 10 年间河南省工业的能源强度变化趋势相对应，因此可根据图 5.5，建议将能源强度控制在 1.01~1.17 万吨标准煤/亿元，将有利于促进碳排放向负变动发展，但这样又可能会与能源强度过高的问题相矛盾，所以需要慎重考虑。

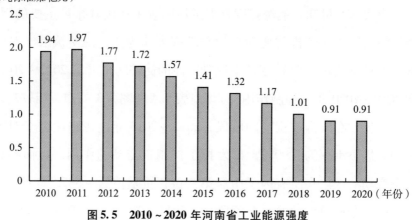

图 5.5　2010~2020 年河南省工业能源强度

3）产业结构效应

由表 5.5 可知，产业结构是促进河南省工业碳减排最主要的因素，且对碳排放变动量的贡献率大体为正，说明产业结构因子对河南省工业碳排放正（负）变动呈现阶段性的促进作用（除 2012~2013 年为抑制外）。由表 5.4 和图 5.3 可知，首先，相较其他因子，在碳排放唯一的正变动阶段 2012~2013 年，产业结构因子对正变动的促进贡献率为 -73%，是抑制因子中的最小值，贡献值仅为 -472.88 万吨，但总体来看，该因子仍然发挥了抑制正向变动的积极作用；其次，在碳排放负变动的八个阶段中，2011~2012 年、2013~2020 年产业结构因子

对于所有负变动的促进作用都为正，但促进程度较低，贡献率最高的
是 2019～2020 年，虽然达到了 2491%，但此阶段的碳排放量总体变动
较小，所以相对应的贡献值仅有 –480.69 万吨，并且从 2016 年开始，
产业结构因子对碳排放负变动的贡献率就在逐年下降，到 2018～2019
年仅有 35%，不过在 2019～2020 年又突然出现激增。

　　此外，从产业结构调整引起的碳排放变动量来看，2010～2020 年
河南省工业碳排放变动总量中能源结构因子的累积效应为 –3405.78 万
吨，贡献率为 441%，虽居促进碳排放量负变动的第二位，但贡献程度
仍然较低。其中，最大的贡献值为 2017～2018 年的 –820.33 万吨，此
时的贡献率为 54%。同时，2010～2020 年各阶段的产业结构效应引起
的碳排放变动趋势与图 5.6 中所显示的这 11 年河南省第二产业占比的
变化趋势相对应，随着《河南"十四五"现代能源体系和碳达峰碳中
和规划》的提出，区域产业结构的优化和升级将会得到进一步的推动，
在河南省国民经济发展进程中，第二产业的占比还将继续呈现下降的
状态。因此，在河南省工业碳排放的影响因素中，产业结构效应贡献
的抑制作用还会不断得到加强。

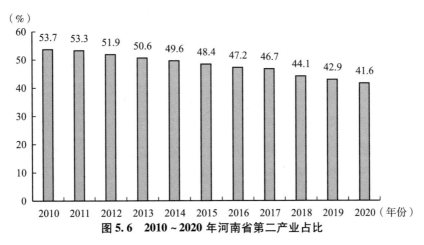

图 5.6　2010～2020 年河南省第二产业占比

资料来源：河南省统计局。

4) 经济发展水平效应

由表 5.5 可知，经济发展水平同时是抑制河南省工业碳减排和促进碳增排最主要的因素，对碳排放变动量的贡献率大体为负，说明经济发展水平因子对河南省工业碳排放正（负）变动呈现阶段性的抑制作用（除 2012～2013 年为促进外）。由表 5.4 和图 5.3 可知，首先，相较其余因子，在碳排放正变动阶段 2012～2013 年，经济发展水平因子对正变动的促进贡献率为 246%，是所有因子中的最大值，贡献值为 1601.68 万吨；其次，在碳排放负变动的八个阶段中，2011～2012 年、2013～2020 年经济发展水平因子对于所有碳排放负变动的促进贡献作用都为负，且均为所有抑制因子中的最大值，其中，贡献率最高的阶段为 2019～2020 年，高达 -1515%，相对应的贡献值为 292.31 万吨，贡献率在这一阶段出现急速下降，可能与某些政策的出台有关。

此外，从经济发展水平变化引起的碳排放变动量来看，2010～2020 年河南省工业碳排放变动总量中经济发展水平因子的累积效应为 10185.11 万吨，贡献率为 -1634%，居所有抑制碳排放量负变动因子的第一位，即为引起碳排放量增加的主要原因。其中，最大的贡献值是 2016～2017 年的 1671.18 万吨。从图 5.7 中可以看出，经济发展水平因子对碳排放量的增长始终呈现正向的促进作用，不过该驱动作用还是会随着国内外经济环境的不断变化以及产业结构的转型升级而逐渐呈现减小的趋势。因此，还需要从源头入手，通过不断地转变经济发展模式，在保证经济发展水平增长的基础上进一步提升发展的质量。

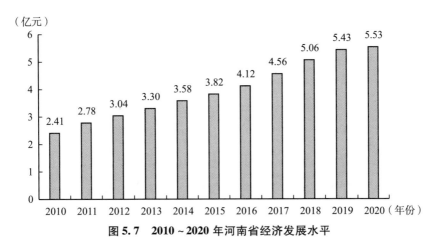

图 5.7 2010～2020 年河南省经济发展水平

资料来源：河南省统计局。

5）人口规模效应

由表 5.4 和图 5.3 可知，人口规模因子对河南省工业碳排放的贡献率最低，对碳排放变动量的贡献率大体为负，说明人口规模因子对河南省工业碳排放正（负）变动大体呈现阶段性的抑制作用（除2012～2013 年为促进作用外），各阶段作用程度也有所起伏。首先，与其他因子相比较，在碳排放的正变动阶段，2012～2013 年人口规模对碳排放正变动的贡献作用为 13%，居所有促进因子的第二位，但贡献值仅为 82.41 万吨。其次，在碳排放负变动的八个阶段中，人口规模因子对于所有碳排放负变动的贡献率都为负，基本上处于所有抑制因子中的倒数第二位，即主要抑制负变动、增加碳排放量，其中，最高的贡献率为 2019～2020 年的－324%，贡献值为 62.58 万吨。另外，贡献率在 2016 年后开始下降，2016 年前"十三五"规划的提出可能是出现转折点的原因。

此外，从能源结构引起的碳排放变动量来看，2010～2020 年河南省工业碳排放变动总量中能源结构因子的累积效应为 702.54 万吨，贡

献率为 –137%，居抑制碳排放量负变动的第二位。这表明虽然人口规模效应主要是对碳排放产生正向的促进作用，但就贡献程度来说还是相对微弱，这可能是人民生活水平的提高以及环保意识薄弱等原因造成的碳排放增长问题。但从河南省的人口规模变化状况来看（见图5.8），即使在鼓励"二孩"和"三孩"的生育政策实施后，人口数量也并没有发生较大的变动，而且未来人口规模效应引起的碳排放量还会随着居民综合素质的提升、绿色低碳生活方式的转变、消费理念的逐渐深入人心而逐渐减小。

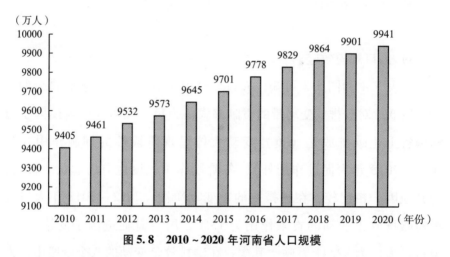

图 5.8　2010～2020 年河南省人口规模

资料来源：河南省统计局。

5.4　本章小结

（1）碳排放变动趋势的分析结论与河南省工业相应时期内实际碳排放变化特征相对应。其中，碳排放正变动值对应的碳增排阶段为

2012～2013 年，碳排放负变动值分别对应的碳减排阶段为 2011～2012 年及 2013～2020 年中的八个阶段，并且碳排放变动因子 $|k|$ 越大，表明所处阶段的碳排放变动量越大，相应的碳增排（减排）速度也越快。

（2）碳排放变动因子贡献率 P 能直接反映出各影响因素对河南省工业碳排放变动量的促进（抑制）作用。其中，能源强度和产业结构因素总体上有利于促进碳排放的负向变动，贡献率分别为 2164% 和 441%；能源结构、经济发展水平和人口规模因素总体为抑制碳排放负变动，贡献率分别为 −36%、−1634% 和 −137%。$|P|$ 值越大，说明所处阶段碳排放变动量的促进（抑制）作用也就越明显。

（3）河南省工业碳排放总体呈现负变动趋势。其中，能源结构因素对碳负变的抑制作用较弱，且一直都处在轻微的下降状态，2011～2012 年抑制负变动的效应最强，此后对负变动的作用开始由消极转向积极，但在此后的 2015～2019 年阶段中促进作用又由积极转为了消极，2019 年后开始出现陡增；能源强度因素对碳负变的促进作用最大且先增后减，主要得益于 2015～2016 年和 2016～2017 年这两个阶段的碳负变力度；产业结构因素的作用效果与能源结构因素相当，虽然影响力度较小，但对负变动始终呈现积极影响，2019～2020 年促进碳负变的效应最强；经济发展水平因素对碳负变的抑制作用最大，但作用效果不稳定，呈现大小交替的现象，在 2015～2017 年两阶段的抑制负变动效应最强；人口规模因素对碳负变始终呈现抑制作用，其中 2019～2020 年的抑制作用最强，但相较于其他因素而言作用效果极小，基本可以忽略不计。

第6章
河南省工业碳排放情景构建与
峰值预测

　　基于第5章的碳排放因素分解结论，并结合目前国内外相关领域学者的研究成果可知，碳排放的主要影响因素有经济发展水平、能源结构、能源强度、人口规模和产业结构等。本章利用可拓展随机环境影响评估模型（STIRPAT）和情景分析法，对河南省工业未来碳排放峰值及达峰时间进行情景预测。基于模型的可拓展性，将在前文分解得到的经济、能源和人口等方面的5个影响因素的基础上，加入一些在因素分解时没有考虑到的因素作为预测模型的解释变量，以提高预测模型的合理性和准确性。本章的主要研究内容包括预测模型构建、情景参数设置和预测结果分析三个部分。

6.1　预测模型的构建与拓展

6.1.1　STIRPAT 模型构建

　　STIRPAT 模型是目前国内外学者在研究环境影响问题时最常用的

分析方法之一，本节将利用该模型对河南省工业碳排放的达峰情况进行情景预测分析。STIRPAT 模型是对经典模型 IPAT 的拓展。IPAT 模型由埃利希等（Ehrlich et al.）首次提出，被用来描述人口（P）、经济（A）和技术水平（T）等因素与环境压力（I）之间的影响关系，基本表达式为：

$$I = P \times A \times T \tag{6.1}$$

瓦格纳等（Waggoner et al.）又在此基础上，将技术水平参数（T）进一步分解为单位国内生产总值消费（C）和单位消费的影响（T），更加清晰地阐释了经济系统的生产与消费过程对环境压力的影响。IPAT 表达式又进一步被继承和发展为：

$$I = P \times A \times C \times T \tag{6.2}$$

简洁直观的 IPAT 模型能够有效反映各因素与环境压力之间的影响关系，得到了学术界的广泛认可和实践应用。但该模型也存在一些缺陷：一是包含的碳排放影响因素种类不够丰富；二是因素的变动都按等比例变化，无法表现出影响因素对环境的非比例影响程度；另外还限制了对其他可能影响环境压力的因素的研究。因此，为了克服以上不足，迪茨等（Dietz et al.）通过对 IPAT 模型进行修正和扩展后得到了一个新的 STIRPAT 模型。该模型具有随机拓展性，能同时引入多个驱动因素，并且各个指数还可以反映出相应自变量对因变量产生的非比例影响关系。STIRPAT 模型的基本公式如下所示：

$$I = \alpha P^{\beta_1} A^{\beta_2} T^{\beta_3} \gamma \tag{6.3}$$

其中，I 表示环境影响或环境压力，P 表示人口规模，A 表示人均财富，T 表示技术水平，α 表示模型系数，β_1、β_2、β_3 分别是人口规模、人均财富和技术水平三个变量的标准回归系数，γ 表示误差项。当系数 $\alpha = \beta_1 = \beta_2 = \beta_3 = \gamma = 1$ 时，STIRPAT 模型公式将会还原为 IPAT 模型。为方便计算，对公式（6.3）两边取对数，得到如下公式：

$$\ln I = \ln\alpha + \beta_1 \ln P + \beta_2 \ln A + \beta_3 \ln T + \ln\gamma \tag{6.4}$$

将预测分析所需的面板数据带入公式（6.4）中，就可以得到模型中各个变量的标准回归系数。标准回归系数的绝对值的大小分别对应着模型中自变量对因变量（碳排放）影响的大小程度，标准回归系数的正负符号又分别对应着模型中自变量对因变量（碳排放）影响方向的正负关联情况。

6.1.2　STIRPAT 模型拓展

由于 STIRPAT 模型反映的是各因素对环境的非等比例影响，因此，还可以引入其他变量并分析其与碳排放之间的非线性关系。本节遵循 STIRPAT 模型的扩展思路和拓展方法，除了原始的基本模型中包含的人口规模（P）、人均财富（A）和技术水平（T）三个方面的因素，还引入了工业总产值（S）、产业结构（IS）和碳排放强度（EF）这三个无量纲因素。文献研究表明，产业和能源在经济的高质量、绿色可持续发展要求下，都需要进行绿色转型，因此，工业总产值、产业结构和碳排放强度这三个因素都会随着经济发展进程的加快，逐渐成为碳排放的重要影响因素。需要说明的是，河南省工业行业是河南省碳排放的主要来源，因此，本节将以工业的能源强度来衡量技术因素，人均财富和产业结构分别以人均国内生产总值及第二产业总产值占比来表示，碳排放强度则以单位能耗的二氧化碳排放量来衡量。加入影响因素后的扩展公式如下：

$$\ln I = \ln\alpha + \beta_1 \ln P + \beta_2 \ln A + \beta_3 \ln T + \beta_4 \ln S + \beta_5 \ln IS + \beta_6 \ln EF + \ln\gamma$$

$$\tag{6.5}$$

其中，P、A、T、S、IS、EF 分别为河南省工业碳排放 I 的驱动因子，β_1、β_2、β_3、β_4、β_5、β_6 分别为与各变量相对应的回归系数，这些回归系数反映的是各个驱动因素与碳排放量之间的弹性变动关系，γ 为误差。各项指标的数据获取及分析如前文所述。

6.1.3 岭回归结果

扩展模型等式确立后，就需要求出模型系数。由于本节选择了多个碳排放影响因素，所以在进行回归分析时，变量之间可能会出现多重共线性问题，所以采用岭回归的方法来保证模型估计结果的有效性。岭回归方法是改进的最小二乘估计方法（OLS），它的主要优势在于，当自变量组内出现了多重相关性问题时，通过人为的方式，将一个非负因子 k 加入到其标准化矩阵的主对角线上，从而解决问题。

基于表 4.1 中 2010～2020 年的指标数据，将 $\ln I$ 作为模型因变量，$\ln P$、$\ln A$、$\ln T$、$\ln S$、$\ln IS$、$\ln ES$ 作为模型的自变量输入，使用 SPSS 进行岭回归建模。以 0.02 为单位长度，岭回归系数 k 在 0 和 1 之间，可以得到与不同 k 值对应的方程、岭迹和 R^2。岭回归参数 k 值越小，样本数据丢失的信息就越少，模型精度就越高。岭回归结果如图 6.1 和图 6.2 所示。

得到岭迹图后还需要确定参数 k 的值，然后得出各变量的系数。通过观察图 6.1 和图 6.2 中的分布情况，当参数 k 值取定为 0.001 时岭迹图趋于平稳，再次进行岭回归分析得到 $R^2 = 0.99$，表明该模型的拟合度优良。但在模型的拟合方差分析中发现：虽然模型的 F 检验结果显著（F = 619.51，Sig. = 0.000），但人口规模因素在 10% 的水平上不显著，说明该因素的检验回归未通过，需要调整变量并重新拟合。考虑

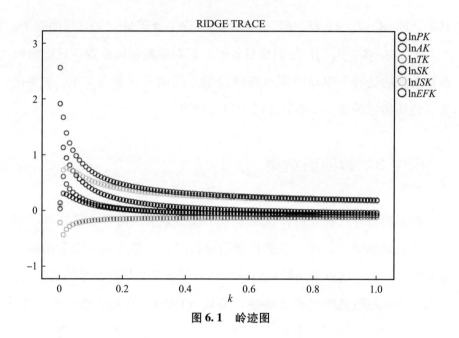

图 6.1　岭迹图

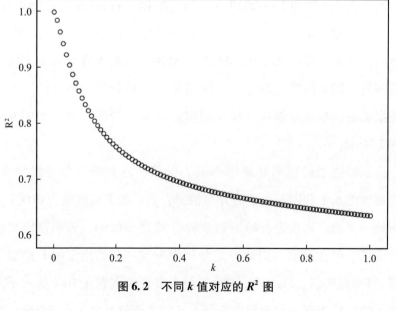

图 6.2　不同 k 值对应的 R^2 图

到在前文的影响因素分析时，人口规模因素对河南省工业碳排放的影响程度较低，因此，尝试剔除这一变量。重新整理变量后再次进行岭回归分析，取定 $k = 0.0023$ 时的回归结果分别如表 6.1、表 6.2 和表 6.3 所示。

表 6.1   模型综述

Mult R	R^2	R^2_{adj}	SE
0.9988	0.9976	0.9953	0.0073

注：岭回归取 $k = 0.0023$，SE 为估计值的标准误差。

表 6.2   方差分析

类型	df	SS	MS	F	Sig.
回归项	5.000	0.115	0.023	432.85	0.000
残差项	5.000	0.000	0.000		

注：df 为自由度，SS 为回归项与残差项的平方和，MS 为均方和。

表 6.3   回归系数

变量	B	SE	Beta	T	Sig.
$\ln A$	0.302	0.028	0.830	10.916	0.00
$\ln T$	− 0.164	0.072	− 0.407	− 2.286	0.07
$\ln S$	0.720	0.041	1.420	17.531	0.00
$\ln IS$	0.582	0.159	0.470	3.655	0.01
$\ln EF$	0.788	0.056	2.167	14.145	0.00
$Constant$	− 2.661	0.935	0.000	− 2.846	0.03

注：B 为标准化系数，SE 为标准化系数标准差，Beta 为非标准化系数，T 为系统量值。

由岭回归结果可以看出，当参数取值为 $k = 0.0023$ 时，模型的拟合度较优（ $R^2 = 0.9976$ ），且 F 检验结果显著（ F = 432.85，Sig. = 0.000 < 0.01），表明该方程具有统计学意义。其中，人均国内生产总值、工业总产值和碳排放强度 3 个因素通过了 1% 的显著水平检验，产业结构因素通过了 5% 的显著水平检验，能源强度因素通过了 10% 的显著水平检验。综上所述，拟合结果能够满足检验要求，最终得到的模型回归方程如下：

$$\ln I = -2.661 + 0.302\ln A - 0.164\ln T + 0.720\ln S + 0.582\ln IS + 0.788\ln EF$$

$$(6.6)$$

上述方程解释了 STIRPAT 模型中 5 个变量对碳排放的影响效果。其中，人均国内生产总值、工业总产值、产业结构和碳排放强度四者都对碳排放具有正向的驱动作用，仅有能源强度因素对碳排放具有抑制作用。从具体数值来看，当保持其他条件不变的前提下，人均国内生产总值、工业总产值、产业结构和碳排放强度每提高 1 个百分点，河南省工业碳排放量将分别提高 0.302、0.72、0.582 和 0.788 个百分点，而产业结构每提高一个百分点，将使河南省工业碳排放量降低 0.164 个百分点。从阶段性分析来看，河南省工业用能强度、用能结构以及经济水平的提高都将不断增加其碳排放量。因此，碳减排的主要驱动力来自产业结构变化、降低居民生活碳排放和控制碳排放强度等方面。

6.1.4 模型参数校准

将表 4.1 中的指标数据代入公式（6.6）中，预测出河南省工业行业在 2010~2020 年的碳排放量，并将该预测值与河南省工业行业实际的碳排放量进行比较，对比结果如表 6.4 和图 6.3 所示。对比实际值与模型预测值，二者的平均误差率为 0.01%，说明该模型拟合效果良好，能够满足碳排放预测的实际需要，可以进行情景预测分析。

表 6.4　　　　　　　2010～2020 年实际碳排放量与模型预测值比较

年份	实际碳排放量（万吨）	模型预测碳排放量（万吨）	误差率（％）
2010	17413.67	17621.01	0.012
2011	20221.07	20215.09	0.000
2012	19494.80	19426.39	−0.004
2013	20132.11	19970.91	−0.008
2014	19734.35	19629.95	−0.005
2015	18587.41	18569.60	−0.001
2016	18286.97	18167.46	−0.007
2017	17938.23	17847.57	−0.005
2018	16254.03	16314.08	0.004
2019	15123.62	15180.53	0.004
2020	15098.56	14994.15	−0.007

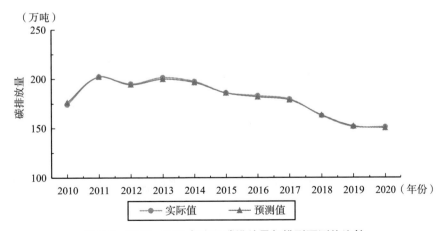

图 6.3　2010～2020 年实际碳排放量与模型预测值比较

6.2 自变量情景设置

在 STIRPAT 扩展模型的基础上，可以利用模型相关系数和情景分析法对河南省工业碳排放峰值进行预测。通过构建情景模式推导出河南省工业行业不同的发展路径，进而得出不同路径或发展模式下的碳排放量。首先对河南省工业碳排放的各个影响因素的未来发展趋势给出情景设定，然后将各因素的数据带入预测方程，计算出碳排放的发展趋势，进而明确不同情景下的碳达峰时间点和峰值。

本节根据相关研究设置河南省工业未来的发展趋势为低速情景、中速情景和高速情景三种情景模式。低速情景假定模型中所有的变量（人均国内生产总值、工业总产值、能源强度、产业结构和碳排放强度）均以低速发展；中速情景设定为基准情景，假定模型中所有的变量均以中速发展；高速情景假定模型中所有变量均以高速发展。另外，根据高速情景、中速情景和低速情景还延伸出了另外 5 种发展情景：高中情景、高低情景、中高情景、中低情景和低中情景（去除不符合社会发展规律的低高情景）。

参考马卓、渠慎宁等学者的研究，经济发展水平的提高会带来碳排放量的增加，而技术水平的提高则能减少碳排放量。按照此逻辑，本节将人均国内生产总值、能源强度、工业总产值、产业结构和碳排放强度这 5 个变量分为经济因素和技术因素两组。第一组经济因素包含人均国内生产总值和工业总产值，这些指标在未来主要保持上升趋势，并对碳排放有积极影响；第二组技术因素包括能源强度、产业结构和碳排放强度，这些指标在未来主要呈现下降趋势，有助于阻止碳排放的增加。各延伸情景模式中的变量将在高速情景、中速情景和低速情景的基础上进行两两相组。具体的情景模式设定及不同情景下各变量的发展速度设定见表6.5。

表6.5 情景模式及变量发展速度设定

情景模式	人均国内生产总值	工业总产值	能源强度	产业结构	碳排放强度
低速情景	低速	低速	低速	低速	低速
中速情景	中速	中速	中速	中速	中速
高速情景	高速	高速	高速	高速	高速
高中情景	高速	高速	中速	中速	中速
高低情景	高速	高速	低速	低速	低速
中高情景	中速	中速	高速	高速	高速
中低情景	中速	中速	低速	低速	低速
低中情景	低速	低速	中速	中速	中速

本节以中速情景下各变量的变化速度为基准情景,则低速情景下各变量的增长速度稍低于中速情景,而高速情景下各变量的增速稍高于中速情景。本节选取 2020 年为预测值设置的基准年,时间跨度为 2021～2060 年。不同情景模式下各变量的变化速度根据国家的五年规划期,大致以 5 年为一个阶段,共分为 8 个阶段。另外,每一阶段中各指标的变化率将依据其历史变化规律和未来发展规划设定,一个阶段内变量在各年的变化速度保持不变。各阶段年份具体划分为:2021～2025 年、2026～2030 年、2031～2035 年、2035～2040 年、2041～2045 年、2045～2050 年、2051～2055 年、2056～2060 年。各变量的预测值参考国家相关规划与历史变化趋势,具体的情景参数设定参照如下原则。

6.2.1 人均国内生产总值情景设置

河南省在 2016 年的人均国民生产总值为 40249.34 元，到 2020 年人均国民生产总值增长至 54259.40 元，在这 5 年里共增长 14010.06 元，整体增长率为 34.8%，年均增长率为 7%。2021 年河南省省委经济工作会议提出要坚持稳中求进，主要预期目标是，生产总值增长 7%，人均国内生产总值增长 7%。河南省第十一次党代会提出，到 2035 年河南省人均国内生产总值可以与全国同步，达到人均 2 万美元的中等发达国家标准，同时达到全国平均水平。

但根据《河南统计年鉴》中的数据显示，河南省人均国内生产总值增速呈现缓慢下降的趋势，2021 年增长率为 6.3%。因此，综合考虑发展实际和发展规划，本节设定中速情景下第一阶段（2021～2025 年）的人均国内生产总值年均增长率为 7%，接下来的每个阶段的增长率下降 0.5% 左右，逐渐降至第八阶段（2055～2060 年）的 3.5%。同时，人均国内生产总值在高速情景和低速情景下的变化率均参照中速情景进行适当调整和设定。高速情景下，第一阶段的人均国内生产总值年均增长率设定为 7.5%，逐渐降至第八阶段的 3.5%。低速情景下，第一阶段的人均国内生产总值年均增长率设定为 6.5%，同样逐渐下降至第八阶段的 3%（见表 6.6）。

6.2.2 工业总产值情景设置

河南省 2016 年的工业总产值为 18986.89 万元，至 2020 年其工业总产值增长至 22875.33 万元，在 2016～2020 年的 5 年里，工业总产值共增长 3888.44 万元，整体增长率为 20.48%，年均增长率约为 4.1%。河南省政府印发了《河南 2022 年国民经济和社会发展计划》，进一步细化并明确了年度工作的目标和任务。2022 年河南省经济社会发展的主要预期目标是经济增长 7%，人均国内生产总值增长 7%，规模以上工业增加值增长 7% 以上。

但根据《河南统计年鉴》中数据显示，河南省工业总产值增速呈现缓慢下降的趋势，且随着中国经济进入"新常态"，经济发展的增长速度还会逐渐放缓，所以河南省工业总产值的增速也将会越来越低。因此，通过对发展实际与规划的综合考量，本章节设定中速情景下第一阶段（2021～2025 年）的工业总产值年均增长率设定为 5.5%，并且逐渐降至第八阶段（2055～2060 年）的 2%。高速情景和低速情景同样参照中速情景进行设定。高速情景下，第一阶段的工业总产值年均增长率设定为 6%，并逐渐降至第八阶段的 2.5%。低速情景下，将第一阶段的工业总产值年均增长率设定为 5%，然后逐渐下降至第八阶段的 1.5%（见表 6.6）。

表 6.6　　　　2021～2060 年各阶段经济因素变化情况设定　　　单位：%

经济因素	人均国内生产总值			工业总产值		
情景模式	低速	中速	高速	低速	中速	高速
2021～2025 年	6.5	7	7.5	5	5.5	6
2026～2030 年	6	6.5	6.5	4.5	5	5.5
2031～2035 年	5.5	6	6	4	4.5	5
2036～2040 年	5	5.5	5.5	3.5	4	4.5
2041～2045 年	4.5	5	5	3	3.5	4
2046～2050 年	4	4.5	4.5	2.5	3	3.5
2051～2055 年	3.5	4	4	2	2.5	3
2056～2060 年	3	3.5	3.5	1.5	2	2.5

6.2.3　能源强度情景设置

在国家下达河南省"十三五"能源消耗总量和强度"双控"目标后，河南省全省单位国内生产总值能耗 2015～2018 年累计下降了19%，且 2019 年单位国内生产总值能耗下降率为 2.85%，提前两年完成了国家对河南省下达的"十三五"目标进度要求。2021 年河南省《关于实施重点用能单位节能降碳改造三年行动计划的通知》（以下简称《通知》）指出，河南省要力争在 2023 年实现能耗强度下降 18% 以上的目标要求。此外，"十四五"规划还给出单位国内生产总值能耗降低 15% 以上的约束性指标。随着能源结构的转型和清洁能源的开发使用，高耗能行业的能源强度总体还会不断下降，但下降的幅度会有所减小。依据河南省能源强度历史发展规律和《通知》中的规划，本节设定中速情景下第一阶段（2021～2025 年）的河南省工业的能源强度下降率为 2.8%，逐渐下降到第八阶段的 1.3%。高速情景和低速情景下的参数变化情况参照中速情景进行设定。高速情景下，能源强度的下降率由第一阶段的 3%，逐渐降低到第八阶段的 1.5%。低速情景下，能源强度的下降率从第一阶段的 2.5%，降低至第八阶段的 1%（见表 6.7）。

6.2.4　产业结构情景设置

通过观察河南省 2010～2020 年的第二产业占比变化规律可以发现，河南省第二产业占比的变化始终呈现下降趋势且下降速度基本保持平稳状态。2010～2020 年，河南省第二产业占比由 53.7% 降至

41.6%。虽然河南省产业排序实现了从"二三一"结构向"三二一"结构转变的良好发展局面，但与标准结构相比，其第三产业所占比例仍相对不足，并且到 2020 年前后，河南省开始由工业化中期向工业化后期过渡。综合国内外产业发展的规律和经验，河南省将逐步由工业经济主导转变为服务经济主导，进入产业结构深度调整期。伴随着第三产业的发展，第二产业的增速减缓，对生产总值的拉动效应也越来越弱。基于此，本节设定中速情景下河南省在 2040 年的第二产业占比为 35%，逐步下降至 2060 年的 31%。高速情景和低速情景分别参照中速情景进行产业结构设定。在高速情景下，设定 2040 年的第二产业占比为 34%，至 2060 年下降为 29%。在低速情景下，设定 2040 年第二产业占比为 36%，到 2060 年第二产业占比下降至 33%。

6.2.5 碳排放强度情景设置

河南省在 2010～2019 年的碳排放强度由 925.9 千克/万元下降至686 千克/万元，年均下降率为 2.6%。河南省"十四五"规划指出，2020～2025 年碳排放强度下降率要达到 19.5%（约束性指标），年均下降率为 3.9%。另外，碳减排的难度必然还会随着碳排放强度的降低和时间的推移而不断加大，所以碳排放的下降速度也将会逐渐减缓。根据"十四五"规划要求及历史变化趋势，本节设定中速情景下第一阶段（2021～2025 年）的碳排放强度下降率为 3.5%，并逐步减少至第八阶段的 1%。高速情景和低速情景参照中速情景进行设定。高速情景下，将第一阶段的碳排放强度下降率设定为 3.9%，逐渐减少至第八阶段的 1%。低速情景下，将第一阶段的碳排放强度下降率设定为3.2%，逐渐减少至第八阶段的 0.8%（见表 6.7）。

表6.7 　　　　　　　　2021～2060年各阶段技术因素变化情况设定　　　　单位：%

技术因素	能源强度			碳排放强度		
情景模式	低速	中速	高速	低速	中速	高速
2021～2025年	-2.5	-2.8	-3	-3.2	-3.5	-3.9
2026～2030年	-2	-2.3	-2.5	-3.1	-3.4	-3.8
2031～2035年	-1.5	-1.8	-2	-2.8	-3.1	-3.5
2036～2040年	-1.4	-1.7	-1.9	-2.4	-2.5	-2.5
2041～2045年	-1.3	-1.6	-1.8	-1.9	-2	-2
2046～2050年	-1.2	-1.5	-1.7	-1.7	-1.8	-1.8
2051～2055年	-1.1	-1.4	-1.6	-1.2	-1.3	-1.3
2056～2060年	-1	-1.3	-1.5	-0.8	-1	-1

6.3 碳排放峰值预测结果分析

根据第6.2节设定的各变量变化情况，以2020年为基准年，可以计算出2021～2060年各年的人均国内生产总值、工业总产值、能源强度、产业结构和碳排放强度的预测数据。将变量预测值依次代入公式（6.6）中，可以得到设定的8种情景模式下的碳排放量变动趋势，进而可以明确各情景模式下的碳排放达峰时间和峰值。通过比较各个模式的达峰状态，可以确定一个最优的情景模式，并将其作为河南省工业行业未来发展模式的一个参考。

6.3.1 碳排放的情景预测结果

碳排放量的预测结果如图6.4所示，除了高低情景在2031年出现峰值外,其余的低速情景、中速情景、高速情景、高中情景、中高情景、中低情景和低中情景这 7 种情景均在 2030 年前达到了峰值,且高速情景和中高情景在 2060 年左右基本能达到零排放。

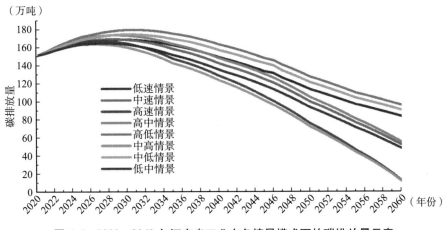

图 6.4　2020～2060 年河南省工业在各情景模式下的碳排放量示意

其中,低速情景下河南省工业碳排放的达峰年份为 2029 年,此时的碳排放量为 16918.11 万吨;中速情景下的达峰年份为 2028 年,此时的碳排放量为 16953.30 万吨;高速情景下的达峰年份为 2027 年,此时的碳排放量为 16754.28 万吨;高中情景下的达峰年份为 2029 年,此时的碳排放量为 17398.06 万吨;高低情景下的达峰年份为 2031 年,此时的碳排放量为 17983.29 万吨;中高情景下的达峰年份为 2026 年,此时的碳排放量为 16373.78 万吨;中低情景下的达峰年份为 2030 年,此时的碳排放量为 17487.60 万吨;低中情景下的达峰年份为 2028 年,此时的碳排放量为 16478.09 万吨。由此可知,河南省工业碳排放达峰时间介于 2026 年和 2031 年之间,峰值额介于 16373.78 万吨和 17983.29 万吨之间。另外,高速情景下河南省工业行业在 2060 年的碳排放量为 1211.80 万吨，中高情景下河南省工业行业在 2060 年的碳排放为 1143.73 万吨，这两种情景模式相较 2020 年的碳排放量均下降了 90% 以上，在 2060 年左右有望达到零排放。

6.3.2 碳排放情景预测结果对比分析

如表 6.8 所示，碳排放量最早的达峰情景模式为中高情景，达峰年份为 2026 年；其次为高速情景，达峰年份为 2027 年；再次为中速情景和低中情景，达峰年份为 2028 年；又次为低速情景和高中情景，达峰年份为 2029 年；最后为中低情景，达峰年份为 2030 年；高低情景并未在 2030 年前实现达峰，其达峰年份为 2031 年。综上所述，8 种情景模式的达峰时间前后对比顺序如下：中高情景 > 高速情景 > 中速情景 = 低中情景 > 低速情景 = 高中情景 > 中低情景 > 高低情景。

根据上述对比顺序，中高情景的达峰时间最早，高速情景紧随其后，再往后分别是中速情景和低中情景、低速情景和高中情景、中低情景，高低情景的达峰时间最晚。由此可以分析得出，人均国内生产总值和工业总产值这类经济因素的发展速度越快，碳排放的达峰时间就越晚，反之，如果这类因素发展越慢，则碳排放的达峰时间就越早。从排序结果中还可发现，在碳排放的达峰时间上，高速情景 > 高中情景 > 高低情景，中高情景 > 中速情景 > 中低情景，并且低中情景 > 低速情景。由此可以分析得出：在人均国内生产总值和工业总产值这类经济因素的发展速度相同的情况下，能源强度、产业结构和碳排放强度这类技术因素的发展速度越快，则碳排放的达峰时间越早，反之，若这类技术因素的发展速度越慢，则碳排放的达峰时间越晚。由此可知，技术因素的发展能够影响碳排放的达峰时间。

碳排放峰值最低的情景模式为中高情景，峰值为 16373.78 万吨；碳排放峰值最高的情景模式为高低情景，峰值为 17983.29 万吨。相比之下，高低情景比中高情景的峰值高出 10%，碳排放量为 1609.51 万吨。8 种情景的峰值大小对比顺序如下：高低情景 > 中低情景 > 高中情景 > 中速情景 > 低速情景 > 高速情景 > 低中情景 > 中高情景。

根据上述对比顺序，中高情景下的峰值最小，低中情景、高速情景、低速情景、中速情景、高中情景和中低情景的峰值依次递增，高低情景下的峰值最大。由此分析可以发现，人均国内生产总值和工业总产值这类经济因素的发展速度与碳排放的峰值大小密切相关。人均国内生产总值和工业总产值这类经济因素的发展速度越快，则峰值越大，反之，这类经济因素的发展速度越慢，则峰值就越小。同时，根据上述峰值排序分析还可以发现，高低情景 > 高中情景 > 高速情景，中低情景 > 中速情景 > 中高情景，并且低速情景 > 低中情景。即在人均国内生产总值和工业总产值等经济因素发展速度相同的情况下，能源强度、产业结构和碳排放强度等技术因素的发展速度越快，碳排放峰值就越小，反之，若技术因素的发展速度越慢则碳排放峰值就越大。通过以上分析同样推断得到技术因素的发展能影响碳排放峰值的大小。

2021 ~ 2060 年，8 种情景模式中碳排放总量最高的是高低情景，总量为 600039.64 万吨，最低的是中高情景，总量为 440588.59 万吨，高低情景比中高情景的碳排放总量多 159451.05 万吨，比中高情景多排放 36.2%。各情景模式下的碳排放总量具体的排序结果如下：高低情景 > 中低情景 > 低速情景 > 高中情景 > 中速情景 > 低中情景 > 高速情景 > 中高情景。

从上述排序结果可知，2021 ~ 2060 年中高情景下的碳排放总量最小，高速情景、低中情景、中速情景、高中情景、低速情景和中低情景下的碳排放总量依次递增，高低情景下的碳排放总量最大。从分析结果可知，碳排放总量的大小与人均国内生产总值和工业总产值联系紧密，这一结论符合社会发展规律及学术研究结果，即经济因素的发展将导致碳排放总量的增加。人均国内生产总值和工业总产值的发展速度越快，碳排放总量越大，反之，发展速度越慢则碳排放总量越小。此外，在人均国内生产总值和工业总产值这类经济因素的发展速度相同的情况下，能源强度、产业结构和碳排放强度的发展速度越快，碳排放总量越小，反之则越小。由此同样可以推断得出技术因素的发展对碳排放量的大小有重要影响。

表6.8　河南省工业2021～2060年碳排放达峰时间与碳排放总量　　单位：万吨

情景模式	达峰年份	峰值	碳排放总量
低速情景	2029	16918.11	552845.06
中速情景	2028	16953.30	517484.45
高速情景	2027	16754.28	455167.72
高中情景	2029	17398.06	535666.68
高低情景	2031	17983.29	600039.64
中高情景	2026	16373.78	440588.59
中低情景	2030	17487.60	578920.31
低中情景	2028	16478.09	495152.12

6.3.3　最优发展模式的确定

河南省的经济发展总量位居全国前列，但这是在1亿人口的大基数下达成的成果，折算成人均国内生产总值后，便低于全国平均水平，如 2020 年的人均国内生产总值仅为 5.5 万元。另外，近年在各种自然灾害等环境因素的影响下，河南省的经济增速也低于全国平均水平。目前，全国经济发展格局正在加速重构，在新的发展格局下，内需潜力将成为决定区域竞争力的核心因素，对外开放将迈向新阶段和更高水平。因此，新发展格局的形成和构建对于河南省加快建设现代化经济体系、在新一轮区域竞争中抢占先机带来了难得的发展机遇。河南省要依托发展优势，发掘内需潜力，提升河南省供给能力、质量和水平，使经济高质量发展迈上新台阶。

由前节分析结论可知，较早的达峰情景为高速情景和中高情景，达峰年份分别为 2026 年和 2027 年。同时再对比两种情景的峰值和 2021～2060 年的碳排放总量，中高情景的峰值和碳排放总量均低于高速情景，因此可以初步推断出中高情景优于高速情景。

另外，从发展水平的角度来看，河南省工业行业若要进一步发展以赶超全国平均水平，则高速情景是较为理想的发展情景，即不仅要提高人均国内生产总值和工业总产值等经济因素的发展速度，同时还要提高能源强度、产业结构和碳排放强度等技术类因素的发展水平。然而，在高速模式下的碳排放峰值和碳排放总量都不是最优的，并且对于本身能源消耗量大、结构偏煤的河南省来说，经济发展对化石能源依赖性较强，因此还需要着重考虑如何控制碳排放量以实现"双碳"目标和经济高质量发展。若河南省工业行业仅追求尽快提前碳排放的达峰时间和降低峰值，则中高模式是最优的发展情景模式，即人均国内生产总值和工业总产值这类经济因素的发展速度保持中速水平，同时提高能源强度、产业结构和碳排放强度这类技术类因素的发展速度。该情景模式既能满足经济发展的基本要求又能将碳排放的峰值和总量控制在一个最优的状态下。因此，综合来看中高情景是河南省工业行业最优的发展情景，该模式下的碳达峰时间最早、达峰最低且碳排放总量也最少。

6.4　本章小结

本章根据人均国内生产总值、工业总产值、能源强度、产业结构和碳排放强度因素在不同的减排压力下被要求的发展水平设置了 8 种情景模式，并结合 STIRPAT 模型预测了河南省工业行业 2021～2060 年的碳排放量。

（1）STIRPAT 模型预测得到的碳排放量发展趋势显示，除了高低情景在 2031 年出现峰值，其余情景都能在 2030 年前达到峰值。但其中只有高速情景和中高情景两种情景模式能在 2060 年左右基本实现零排放，属于满足碳中和约束的有效峰值，而其他 6 种情景模式虽然也能按期实现碳达峰目标却无法满足碳中和要求，因此并不符合"双碳"目标的发展预期。

（2）在所有情景模式中，河南省工业行业最优的发展模式为中高情景。在中高情景的变量参数设定下，人均国内生产总值和工业总产值因素均保持中速水平增长，同时能源强度、产业结构和碳排放强度三个因素保持高速的下降水平。该情景最早可在 2026 年左右实现碳达峰，并且能在 2060 年左右实现碳中和目标，此时的有效峰值为 16373.78 万吨，是最早的碳达峰年份和最小的峰值。

（3）通过比较各情景的预测结果发现，通过降低经济因素的增长速度并使技术因素的变化速度维持在高速水平时，会使碳达峰的时间提前、达峰的峰值也会降低，并且技术因素对碳达峰时间和峰值的影响显著。然而，当前河南省正处于对经济发展持有期望态度的重要阶段，所以这一情景目标的实现具有巨大的难度，即河南省低碳减排目标的实现面临巨大现实困难。因此，更需要合理协调好经济发展、减排技术与碳达峰目标的关系。

第 7 章
基于行业视角的河南省工业
配额分配研究

考虑"双碳"目标,第 6 章通过情景预测分析方法得到了河南省工业行业在碳中和目标约束下的碳达峰峰值。然而,"双碳"目标的实现还需要进一步明确减排责任。目前,推进碳减排的主要工具是碳交易制度,中国于 2021 年进入了建立全国统一碳交易市场阶段。要通过实施碳交易市场方案来实现减排目标,首先需要正确确定各地区或行业的碳排放配额(以下简称"配额")。因此,在碳排放峰值的总量约束下,有必要为河南省工业行业提供一个子行业间的配额分配方案,从而推进碳减排工作。

本章在前文研究的基础上,将预测得到的最优碳达峰峰值作为配额总量约束,制定河南省工业子行业间的配额分配模型。本章内容主要分为 3 个部分:首先,参考相关文献研究,基于公平原则,采用多指标法建立配额初始分配指标体系,结合熵 – AHP TOPSIS 模型提出配额的初始分配方案,并考虑效率原则,利用 ZSG – DEA 模型对初始配额分配方案进行效率优化,得到一个效率优化后的再分配方案;其次,考虑公平性原则和经济性原则,利用边际减排成本、总减排成本和环境基尼系数,分别对构建出的配额分配方案进行经济性和公平性的定量评价；最后，获得一个兼顾公平性、效率性和经济性的河南省工业行业配额分配方案。本章的研究思路如图 7.1 所示。

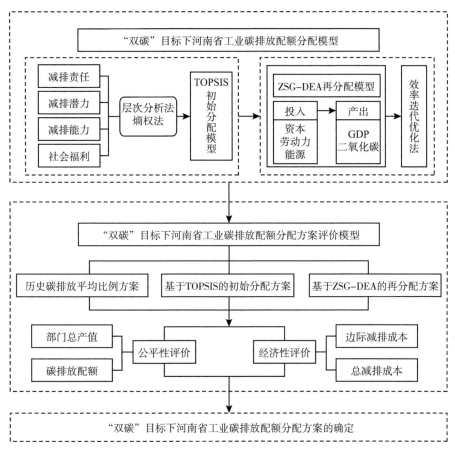

图 7.1　碳排放配额分配流程

7.1　配额分配指标体系构建

相较于区域的额度分配研究，行业间的配额分配涉及了更多更为复杂的现实因素和微观联系。因此，在分配指标的选择上就更需要秉持全局思维，从整体上入手进行系统性的分析。由于当前对行业配额分配的研究还较少，分配指标体系的构建思想还在不断丰富和优化，指标权重的确定也还有待进一步合理化。

根据已有研究，公平原则可以分为减排责任、减排潜力、减排能力和社会福利4个维度。本节从这4个维度选取了历史碳排放量、碳排放强度、能源结构、能源强度、总产值、盈利能力、从业人数和人均产值8个分配指标，构建出如表7.1所示的双层分配指标体系。

表 7.1 配额分配指标体系

准则层	指标层	指标描述
减排责任（Z1）	历史碳排放量（Z11）	IPCC 主要能源碳排放总量
	碳强度（Z12）	单位国内生产总值碳排放量
减排潜力（Z2）	能源结构（Z21）	煤炭消耗占比
	能源强度（Z22）	单位国内生产总值能耗
减排能力（Z3）	总产值（Z31）	主营收入
	盈利能力（Z32）	利润/净资产
社会福利（Z4）	从业人数（Z41）	行业从业人数
	人均产值（Z42）	行业总产值/从业人数

7.2 配额分配模型构建

7.2.1 基于熵–AHP TOPSIS 的初始分配模型

为了保障公平，本节采用熵–AHP TOPSIS 模型进行配额的初始分配研究。该方法在多准则决策问题中应用广泛，但在配额分配研究中应用较少。首先，采用层次分析法（AHP）和熵权法分别对指标赋权，以避免单一赋权方法可能带来的偏差。其次，计算出指标的主客观综合权重。最后，将指标权重纳入 TOPSIS 模型，可以获得一个理想的初始分配方案。与已有研究相比，本节构建的配额分配模型囊括的内容更加全面，不仅从多个维度综合考虑了配额分配的影响因素，还将主客观赋权方法相结合，使得分配结果具有更强的科学性和现实意义。

1）层次分析法（AHP）

层次分析法（analytic hierarchy process，AHP），也称层级分析法，由美国运筹学家托马斯·萨蒂（Thomas L. Saaty）于 20 世纪 70 年代提出。AHP 是一种将复杂决策问题相关的元素依据目标、准则、指标等不同层次，并运用运筹学理论进行半定量分析的分析决策方法。本节采用此方法确定指标主观权重，运用单层模型为指标赋权。

①构建成对比较矩阵。

基于层次分析法的赋权思想，首先需要对每两个指标之间的相对重要程度进行判断，从而构建出一个指标判断矩阵。假设指标 i 对于指标 j 的相对重要程度用 $a_{ij}(i=1,2,\cdots,m;j=1,2,\cdots,n)$ 表示，可以构建出指标间的判断矩阵为：

$$A=\begin{bmatrix} a_{11} & \cdots & a_{1n} \\ \cdots & \cdots & \cdots \\ a_{m1} & \cdots & a_{mn} \end{bmatrix} \tag{7.1}$$

同时为了方便决策者作出判断，萨蒂提出了如表 7.2 所示的重要度评价准则。

表 7.2   重要度评价准则

a_{ij} 标度	a_{ij} 含义
1	表示指标 i 和指标 j 同等重要
3	表示指标 i 比指标 j 稍微重要
5	表示指标 i 比指标 j 明显重要
7	表示指标 i 比指标 j 强烈重要
9	表示指标 i 比指标 j 极端重要
2, 4, 6, 8	表示上述相邻判断的中间值

②计算特征值与指标权重。

$$\bar{a}_{ij} = a_{ij} \bigg/ \sum_{k=1}^{n} a_{ik} \qquad (7.2)$$

$$\bar{\omega}_i = \sum_{j=1}^{n} \bar{a}_{ij} \qquad (7.3)$$

$$\omega_{i1} = \bar{\omega}_i \bigg/ \sum_{j=1}^{n} \bar{\omega}_j \qquad (7.4)$$

$$\lambda_{\max} = \sum_{i=1}^{m} \frac{(A \cdot \omega_{i1})_i}{m \cdot \omega_{i1}} \qquad (7.5)$$

其中, ω_{i1} 为最大特征值对应的特征向量, $(A \cdot \omega_{i1})_i$ 为 $A \cdot \omega_{i1}$ 的第 i 个值。

③矩阵一致性检验。

计算比较矩阵的特征值和特征向量。将 $\lambda_{\max}$ 表示为最大特征值, 并计算一致性比（CR）:

$$CR = CI/RI = \left(\frac{\lambda_{\max} - n}{n - 1}\right) \bigg/ RI \qquad (7.6)$$

其中, CI 是一致性指示符。它用于估计比较矩阵的一致性。RI 是平均随机一致性指数, 其具体取值如表 7.3 所示。若 $CR < 0.1$, 则该判断矩阵满足一致性检验。

表 7.3   平均随机一致性指标

阶数 n	1	2	3	4	5	6	7	8	9
RI	0	0	0.58	0.90	1.12	1.24	1.32	1.41	1.45

④确定指标的权重。

$\lambda_{\max}$ 对应的单位正特征向量是每个指标的权重。

2）熵权法

熵权法在评价应用中通过客观数据为指标赋权、减少了主观性，能为多指标综合评价提供客观依据，因此本章采用该方法为指标层赋权，以保证研究的科学性和合理性。在信息论中，熵用于度量系统的混乱程度，越混乱熵就越大。熵值法可用于确定指标权重，在由 m 个子行业和 n 个评价指标构成的数据矩阵 $X = \{x_{ij}\}_{m \times n}$ 中，对于指标 x_j，指标值 x_{ij} 的差距越大，数据离散程度就越大，提供的信息越多，其权重就越大，说明该指标对综合评价的影响就越大。反之，离散程度越小，权重就越小。模型具体步骤如下。

①矩阵标准化处理。

由于各分配指标的量纲不同，需要对不同类型的指标分别进行无量纲化处理。常见的指标类型分为效益型指标和成本型指标两类。

效益型指标即越大越优型指标，其标准化处理公式为：

$$r_{ij} = \frac{x_{ij} - \min(x_{ij})}{\max(x_{ij}) - \min(x_{ij})} \tag{7.7}$$

成本型指标即越小越优型指标，其标准化处理公式为：

$$r_{ij} = \frac{\max(x_{ij}) - x_{ij}}{\max(x_{ij}) - \min(x_{ij})} \tag{7.8}$$

其中，x_{ij} 为第 i 个子行业的第 j 个指标的原始数值，$\max(x_{ij})$ 和 $\min(x_{ij})$ 分别为所有子行业的第 j 个指标的最大值和最小值，r_{ij} 为标准化后的指标标准值。标准化后的矩阵表示为：

$$R = \begin{bmatrix} r_{11} & \cdots & r_{1n} \\ \vdots & \ddots & \vdots \\ r_{m1} & \cdots & r_{mn} \end{bmatrix} = (r_{ij})_{m \times n} \qquad (7.9)$$

②计算每个指标的比率。

指标 j 在子行业 i 中的比率是指标的变化大小。

$$P_{ij} = \frac{r_{ij}}{\sum\limits_{i=1}^{m} r_{ij}} \quad i=1, \cdots, m, j=1, \cdots, n \qquad (7.10)$$

③求解指标信息熵和权重。

$$H_j = -\frac{1}{\ln(m)} \sum_{i=1}^{m} P_{ij}\ln(P_{ij}) \qquad (7.11)$$

$$\omega_j = \frac{1 - H_j}{\sum\limits_{j=1}^{n} (1 - H_j)} \qquad (7.12)$$

3）计算指标综合权重

通过 AHP 和熵权计算的指标 j 的权重分别记为 ω_{1j} 和 ω_{2j}。使用公式（7.13）来计算指标 j 的综合权重 $\omega_j(j=1, 2, \cdots, n)$：

$$\omega_j = \frac{\omega_{1j} \cdot \omega_{2j}}{\sum\limits_{j=1}^{n} \omega_{1j} \cdot \omega_{2j}} \qquad (7.13)$$

4）TOPSIS 配额分配模型

当指标存在不同维度时，综合评价分析可能出现方向、单位和量纲不一致等问题。TOPSIS 方法能够较好地解决这类问题，因此在多属性决策问题方面已得到广泛的应用。其基本原理是，首先对原始数据进行标准化处理，然后在所得的标准化矩阵中选出所有方案中每一个指标的最大值和最小值。所有指标的最大值构成正理想方案，所有指标的最小值构成负理想方案，通过计算每个备选方案与正、负理想方案之间的距离，可以得到每个备选方案与正理想方案的贴现度，然后以贴现度作为排列各个备选方案顺序的依据。最后，基于理想贴现度计算出各子行业的初始配额分配比例。结合前节通过主客观赋权方式得到的标准化矩阵和综合权重，可以得到加权标准化矩阵。具体过程如下。

①构建指标加权规范化矩阵。

$$Y = \begin{bmatrix} r_{11} & \cdots & r_{1n} \\ \vdots & \ddots & \vdots \\ r_{m1} & \cdots & r_{mn} \end{bmatrix} \begin{bmatrix} w_1 & \cdots & 0 \\ \vdots & \ddots & \vdots \\ 0 & \cdots & w_n \end{bmatrix} = \begin{bmatrix} y_{11} & \cdots & y_{1n} \\ \vdots & \ddots & \vdots \\ y_{m1} & \cdots & y_{mn} \end{bmatrix} \tag{7.14}$$

其中，y_{ij} 代表 i 子行业的第 j 项指标加权标准化后的指标值。

②计算各备选方案与正、负理想方案的距离。

各子行业的分配方案到正理想方案的距离 D_i^+ 通过公式（7.15）可得，与负理想方案的距离 D_i^- 通过公式（7.16）可得。

$$D_i^+ = \sqrt{\sum_{j=1}^{n} \omega_j (y_j^+ - y_{ij})^2} \tag{7.15}$$

$$D_i^- = \sqrt{\sum_{j=1}^{n} \omega_j (y_j^- - y_{ij})^2} \tag{7.16}$$

其中，$y_j^+ = \max_{1 \le i \le m} \{y_{ij}\}$，$y_j^- = \min_{1 \le i \le m} \{y_{ij}\}$。$D_i^+$ 值越大，说明子行业 i 的分配方案与正理想方案的距离越远，则子行业 i 的配额比例就越小。D_i^- 值越大，说明子行业 i 的分配方案与负理想方案的距离越远，则子行业 i 的配额比例就越大。

③确定配额分配比例。

根据各分配方案与正、负理想方案的距离可以计算出各个子行业的备选分配方案的理想贴现度 C_i。C_i 表示各子行业评价值与正理想评价集合和负理想评价集合之间的相对权重。贴现度的计算公式如下：

$$C_i = \frac{D_i^-}{D_i^- + D_i^+} \qquad (7.17)$$

基于上述计算过程，各子行业的配额初始分配比例计算公式为：

$$P_i = \frac{C_i}{\sum_{i=1}^{m} C_i} \qquad (7.18)$$

$$I_i = P_i \cdot I \qquad (7.19)$$

7.2.2 基于 ZSG – DEA 的再分配模型

基于效率视角的传统配额分配模型中假设非期望产出的消减在决策单元之间是独立进行的，不需要各个决策单元之间的相互合作，各投入产出要素之间也是完全独立的。然而，事实上这些要素之间并非完全独立的，这意味着传统的 DEA 模型已经不能很好地应用于这一领域。为了解决这个问题，林斯等（Lins et al.）将"零和博弈"思想引入 DEA 模型中，创建了 ZSG – DEA 模型。该模型的基本思想是：在输出变量之和保持不变的前提下，通过输出变量间的调整以形成新的有效边界。另外，决策者期望的是在可分配配额的总量固定的约束下，确定一个能够最大化分配效率的方案，这在本质上就是一个各决策单元之间的零和博弈过程。因此，本节选择 ZSG – DEA 模型来评价和优化基于公平原则的初始分配方案的效率，通过调整 DEA 值从而实现配额在子行业间的有效分配。

参考郑立群等提出的区域责任分摊的零和收益 DEA 模型，首先将系统中的 N 个子行业都视作决策单元（DMU），每一个决策单元都有 R 个投入指标和 M 个产出指标，则利用 DEA 方法对决策单元 DMU_o 进行相对效率评价的 BCC 模型公式如（7.20）所示：

$$\min\theta_o$$

$$s.t. \begin{cases} \sum_{i=1}^{N} \lambda_i y_{ij} \geqslant y_{oj,} & j = 1, 2, 3, \cdots, M \\[2mm] \sum_{i=1}^{N} \lambda_1 X_{ik} \leqslant \theta_o X_{ok}, & k = 1, 2, 3, \cdots, R \\[2mm] \sum_{i=1}^{N} \lambda_i = 1, & i = 1, 2, 3, \cdots, N \\[2mm] \lambda_i \geqslant 0, & i = 1, 2, 3, \cdots, N \end{cases} \quad (7.20)$$

其中，θ_o 表示DMU$_o$ 的相对效率，λ_i 表示相对于DMU$_o$ 重新构造的一个DMU 有效组合中各个DMU$_i$ 的组合比例。

然而在配额分配问题中，配额都具有总量固定的特征，而传统的DEA 模型仅能计算出各子行业间初始配额分配的相对效率，无法实现通过调整分配结果实现各子行业 DEA 效率的总体提高。基于此，林斯和戈麦斯等结合对此类问题的实证研究提出了 ZSG – DEA 模型。该模型可通过将投入和产出要素进行再配置，寻求 DEA 有效的策略组合，重点在于比例消减策略。比例消减策略的思想为：低效的 DMU 要想变成 DEA 有效，必须消减一定数量的投入或者接受一定数量的产出；同时，为了保持投入或产出的总量固定，其他 DMU 必须以各自初始的投入或产出值为基础，按比例接受一定数量的投入或消减一定数量的产出。

在投入导向模型中，如果 DMU$_o$ 是非 DEA 有效的决策单元，那么其 ZSG – DEA 效率值记为 φ_o。要实现 DEA 有效，该决策单元就必须减少对投入要素 k 的使用，减少量为 $U_o = X_{ok}(1 - \varphi_o)$。同时，其他 DMU 将成比例地分配这一数额的投入 U_o。DMU$_i$ 从 DMU$_o$ 处获得的投入量 k 分配比例表示为：

$$\frac{X_{ik}}{\sum_{i \neq o} X_{ik}} \cdot X_{ok}(1 - \varphi_o) \tag{7.21}$$

由于所有的 DMU 的投入比例消减是同时进行的，因此调整全部结束后，DMU_i 从投入 k 中得到的再分配配额为：

$$X'_{ik} = \sum_{i \neq o} \left[\frac{X_{ik}}{\sum_{i \neq o} X_{ik}} \cdot X_{ik}(1 - \varphi_o) \right] - X_{ik}(1 - \varphi_i) \quad i = 1, 2, 3, \cdots, N$$

$$\tag{7.22}$$

根据比例消减策略，利用 ZSG – DEA 方法对决策单元 DMU_o 进行相对效率评价的投入导向 BCC 模型公式如下：

$$\min \varphi_o$$

$$s.t. \begin{cases} \sum_{i=1}^{N} \lambda_i y_{ij} \geqslant y_{oj}, & j = 1, 2, 3, \cdots, M \\ \sum_{i=1}^{N} \lambda_1 X_{ik} \left[1 + \frac{X_{ok}(1 - \varphi_o)}{\sum_{i \neq o} X_{ik}} \right] \leqslant \varphi_o X_{ok}, & k = 1, 2, 3, \cdots, R \\ \sum_{i=1}^{N} \lambda_i = 1, & i = 1, 2, 3, \cdots, N \\ \lambda_i \geqslant 0, & i = 1, 2, 3, \cdots, N \end{cases}$$

$$\tag{7.23}$$

所有在初始分配方案中未达到 DEA 有效的 DMU 都会按比例分配自己的多余投入，但仍有一些 DMU 在消减投入后无法达到 DEA 有效。对于这个问题的应对方式有比例消减公式法和迭代法两种，本节采用后者，通过多次迭代对投入 k 进行多次再分配，最终所有的 DMU 均会达到统一有效边界，即效率值 φ_i 均为 1，此时对投入 k 的再分配结果就是实现效率最大化目标的最佳配额分配方案。

7.3 配额分配方案评价模型构建

7.3.1 基于环境基尼系数的公平性评价模型

公平性是方案能被不同群体接受的一个基本条件。环境基尼系数已被广泛用于衡量资源分配的平等性，它是由基尼系数发展而来的。基尼系数首先由科拉多·基尼提出，然后广泛用于衡量经济学中收入分配的差距。基尼系数是根据洛伦兹曲线计算的，曲线的曲率可以反映收入分配的不公平性，如图 7.2 所示。基尼系数取值为 0 到 1，系数越大意味着收入分配越不公平。如果将收入改为碳排放配额，基尼系数就变成了环境基尼系数，可以反映配额分配的不公平性。

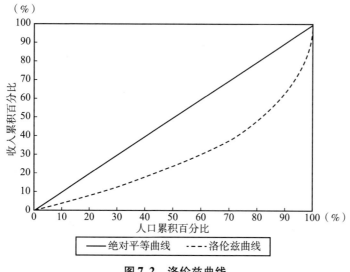

图 7.2 洛伦兹曲线

在本节的研究中，采用环境基尼系数来衡量河南省工业行业的子行业间的配额分配方案公平性。对于本节的洛伦兹曲线，x 轴代表所选评价标准的累积份额，而 y 轴代表分配的配额的累积份额。基尼系数越小，则说明分配平等程度越高。公平原则意味着每个人都有相同的碳排放权，所以这是反映配额分配可行性的重要原则。根据文献研究，配额分配中的公平原则主要是基于人口、经济或历史累积碳排放等要素进行描述的。根据前节研究发现，配额与经济发展水平有着显著的正相关关系，说明经济发展水平可以很好地反映历史碳排放责任。因此，本节中的曲线分别由配额和总产值构成，环境基尼系数具体的计算表示如下：

$$G = \frac{S_A}{S_A + S_B} = \frac{S_A}{0.5} = 2S_A = 1 - 2S_B \qquad (7.24)$$

$$S_B = \sum_{i=1}^{n} \frac{(x_i - x_{i-1})(y_i + y_{i-1})}{2} \quad i = 1, 2, \cdots, n \qquad (7.25)$$

其中，S_A 表示洛伦兹曲线和直线"绝对等分线"之间的面积；S_B 表示洛伦兹曲线下的面积，$S_A + S_B = 0.5$；x_i 代表截至 i 子行业的累计总产值份额，$x_0 = 0$；y_i 代表截至 i 子行业的配额累计份额，$y_0 = 0$；G 是分配结果平等性评估的环境基尼系数，可通过以下公式计算：

$$G = 1 - \sum_{i=1}^{n} (x_i - x_{i-1})(y_i + y_{i-1}) \quad i = 1, 2, \cdots, n \qquad (7.26)$$

根据环境基尼系数的分类定义，$G < 0.2$ 代表方案绝对公平，$0.2 < G < 0.4$ 代表方案相对公平，$0.4 < G < 0.5$ 代表方案相对不公平，$G > 0.5$ 表示方案远远不公平，0.4 是方案从公平变为不公平的阈值。

7.3.2 基于 NDDF 的经济性评价模型

由于河南省工业行业 40 个子行业在产业特征、发展水平和减排技术等方面存在一定的差异,这必然会导致各子行业在减排成本上产生差距。因此,本节在配额分配研究基础上,为了保证分配方案的经济可行性,将采用边际减排成本和总减排成本指标对分配方案的经济性进行定量分析,进一步明确子行业间配额分配的合理性。

边际减排成本指标被定义为每实现一单位碳减排所造成的产业经济产出的减少量。目前计算边际减排成本的常用方法是方向距离函数,它将生产理论引入减排成本的测算当中,具有更强的现实性和可操作性。距离函数可以分为两种。第一种是径向方向距离函数,它需要预先引入和构建生产函数和收益函数,首先通过设定的生产函数来实现对方向距离函数的参数化,其中的生产函数常建立为二次型函数和超越对数函数的形式。待距离函数完成参数化后与收益函数结合,进一步以利润最大化为目标,采用数据包络模型求解最优值,从而计算得到边际减排成本,在衡量环境和技术效率方面具有一定的优势。第二种是非径向方向距离函数,它通过数据包络模型构建生产前沿面并利用对偶理论来求解影子价格。非径向方向距离函数的优势在于不需要提前进行生产函数的选择和设定,操作步骤比径向方向距离函数更加简单,且能够避免径向方向距离函数在应用中因函数形式选择问题而导致的结论差异。此外,非径向方向距离函数可以得到单个个体的影子价格,而径向方向距离函数得到的只有一个平均值。

因此,本节采用非径向的距离函数(NDDF)来求解各子行业在不同分配方案下的边际减排成本,同时还能得到各配额分配方案的总减排成本。NDDF 能够直接对非期望产出进行处理,并且具有弱处置技术(减少非期望产出则期望产出也会随之减少),相较于其他模型具有更强的现实适用性。

（1）环境生产技术集

假定现有 n 个独立的决策单元，每个决策单元都包含了 m 个投入要素、s 个期望产出和 k 个非期望产出，那么第 j 个决策单元的各投入产出要素可以分别表示为 $x_j = (x_{1j}, x_{2j}, \cdots, x_{mj})$，$y_j = (y_{1j}, y_{2j}, \cdots, y_{sj})$ 和 $b_j = (b_{1j}, b_{2j}, \cdots, b_{kj})$ 的形式。则环境生产技术集可以表示为：

$$P(x) = \{(y, b) : x \ can \ produce(y, b)\} \tag{7.27}$$

式中的 $P(x)$ 具有以下三种特征：

①投入要素 x 和期望产出 y 具有强可处置性，它表示如果 $(x, y, b) \in P$，$x' \geq x$，并且 $0 \leq y' \leq y$，则可以得出 $(x', y', b) \in P$；

②非期望产出 b 具有弱可处置性，它表示如果 $(x, y, b) \in P$，$0 \leq \theta \leq 1$，则可以得出 $(x, \theta y, \theta b) \in P$；

③期望产出 y 和非期望产出 b 是联合生产的，即 $(y, b) \in P(x)$。也就是说若 $b = 0$，则 $y = 0$，没有非期望产出的情况下必然也没有期望产出。

在 $P(x)$ 的第二种特征中，参数 θ 是削减系数，它的含义是：若希望减少非期望产出，那么就必然会伴随着相同比例的期望产出的减少。在表示弱可处置性的传统 Shephard 技术方法中采用的是单一的削减系数 θ，但它无法准确反映凸性假设，即不能很好表现出期望产出 y 和非期望产出 b 之间的弱可处置性。因为不同的决策单元具有不同的碳减排技术和能力，若使用单一的减排因子，边际减排成本较高的决策单元将被迫承担过高的减排压力，而边际成本较低的决策单元则只需要承担较小的减排压力。为了解决这一问题，库奥斯曼恩（Kuosmanen）提出了能够弥补这一不足之处的环境生产技术。

Kuosmanen 技术采用了多个削减系数，因此它不仅可以满足凸性假设，而且更加符合环境经济学理论，具体如式（7.28）所示：

$$P = \left\{ (x, y, b) : \sum_{i=1}^{n} \omega_i x_{mi} \leqslant x_m, \forall m \right.$$

$$\sum_{i=1}^{n} \theta_i \omega_i y_{si} \geqslant y_s, \ \forall s$$

$$\sum_{i=1}^{n} \theta_i \omega_i b_{ki} = b_k, \ \forall k \qquad (7.28)$$

$$\sum_{i=1}^{n} \omega_i = 1$$

$$\omega_i \geqslant 0, \ \forall i$$

$$\left. 0 \leqslant \theta_i \leqslant 1 \right\}$$

其中，$\omega = (\omega_1, \cdots, \omega_n)$ 表示强度权重，$\theta = (\theta_1, \cdots, \theta_n)$ 表示削减系数。

如果令 $\lambda_i = \theta_i \omega_i$，$\mu_i = (1 - \theta_i) \omega_i$，则 $\lambda_i + \mu_i = \omega_i$，那么式（7.28）就可以转换为线性形式：

$$P = \left\{ (x, y, b) : \sum_{i=1}^{n} ; (\lambda_i + \mu_i) x_{mi} \leqslant x_m, \forall m \right.$$

$$\sum_{i=1}^{n} \lambda_i y_{si} \geqslant y_s, \ \forall s$$

$$\sum_{i=1}^{n} \lambda_i b_{ki} = b_k, \ \forall k \qquad (7.29)$$

$$\sum_{i=1}^{n} \lambda_i + \mu_i = 1$$

$$\left. \lambda_i, \mu_i \geqslant 0, \ \forall i \right\}$$

（2）非径向方向函数模型

钱伯斯等（Chambers et al.）和钟等（Chung et al.）为了衡量单个决策单元的碳排放效率，提出了如式（7.30）所示的径向距离函数

（DDF）：

$$\vec{D}(x,\ y,\ b;\ g) = sup\{\beta\colon\ [\ (x,\ y,\ b) + g \cdot \beta\ ] \in P\} \quad (7.30)$$

但如前所述，DDF 模型对期望产出和非期望产出的增加或减少均赋予相同的变化比例，因此可能会过高估计各决策单元的效率。鉴于 DDF 模型在效率估计方面存在的弊端，周等（Zhou et al.）构建了能够更加准确地识别出期望产出和非期望产出松弛量的非径向方向距离函数（NDDF）：

$$\vec{D}(x,\ y,\ b;\ g) = sup\{\omega^T \beta\colon\ [\ (x,\ y,\ b) + g \cdot diag(\beta)\ ] \in P\}$$

$$(7.31)$$

其中，$\omega = (\omega_m^x,\ \omega_s^y,\ \omega_k^b)^T$，分别表示投入要素、期望产出与非期望产出的标准化权重；$g = (-g_m^x,\ g_s^y,\ -g_k^b)$ 分别表示各自的方向向量；$\beta = (\beta_m^x,\ \beta_s^y,\ \beta_k^b)^T \geqslant 0$，分别表示投入或产出要素可能的增减比例。结合 Kuosmanen 生产技术，按照 DEA 模型的方式可以将式（7.31）改写成如下形式，然后求解出 $\vec{D}(x,\ y,\ b;\ g)$：

$$\vec{D}(x,\ y,\ b;\ g) = \max \sum_{m=1}^{M} \omega_m^x \beta_m^x + \sum_{s=1}^{S} \omega_s^y \beta_s^y + \sum_{k=1}^{K} \omega_k^b \beta_k^b$$

$$s.t. \sum_{i=1}^{n} (\lambda_i + \mu_i) x_{mi} \leqslant x_m^0 - \beta_m^x g_m^x,\ m = 1,\ \cdots,\ M$$

$$\sum_{i=1}^{n} \lambda_i y_{si} \leqslant y_s^0 + \beta_s^y g_s^y,\ s = 1,\ \cdots,\ S$$

$$\sum_{i=1}^{n} \lambda_i b_{ki} \leqslant b_k^0 + \beta_k^b g_k^b,\ s = 1,\ \cdots,\ S \qquad (7.32)$$

$$\sum_{i=1}^{n} (\lambda_i + \mu_i) = 1$$

$$\lambda_i,\ \mu_i \geqslant 0,\ i = 1,\ \cdots,\ n$$

由于边际减排成本等于碳排放的影子价格与经济产出的比率，我

们构建了对偶模型。其对偶模型可以表示为:

$$\vec{D}(x, y, b; g) = \min \sum_{m=1}^{M} \omega_{mjo} x_{mjo} + \sum_{s=1}^{S} u_{sjo} y_{sjo} + \sum_{k=1}^{K} v_{kjo} b_{kjo} + \phi_{jo}$$

$$s.t. \sum_{m=1}^{M} \omega_{mjo} x_{mj} + \sum_{s=1}^{S} u_{sjo} y_{sj} + \sum_{k=1}^{K} v_{kjo} b_{kj} + \phi_{jo} \geqslant 0, j = 1, 2, \cdots, n$$

$$\sum_{m=1}^{M} \omega_{mjo} x_{mj} + \phi_{jo} \geqslant 0, j = 1, 2, \cdots, n$$

$$\omega_{mjo} x_{mjo} \geqslant 1, m = 1, 2, \cdots, M$$

$$u_{sjo} y_{sjo} \geqslant 1, s = 1, 2, \cdots, S$$

$$v_{kjo} b_{kjo} \geqslant 1, k = 1, 2, \cdots, K$$

$$\forall \omega_{mjo} \geqslant 0, \forall u_{sjo} \geqslant 0, v_{kjo} \ and \ \phi_{jo} \ free$$

$$(7.33)$$

其中,ω_{mjo},u_{sjo} 和 v_{kjo} 分别是投入要素、期望产出和非期望产出的权重,也可以称作影子价格;ϕ_{jo} 表示 DMU_{jo} 的规模报酬。假设 ω_{mjo}^{*}、u_{sjo}^{*}、v_{kjo}^{*} 为对偶模型 (7.33) 的最优解,则各 DMU 的非期望产出的边际减排成本表示为:

$$MAC_i = r_{ykjo} \cdot \frac{v_{kjo}^{*}}{u_{sjo}^{*}} \qquad (7.34)$$

其中,r_{ykjo} 代表期望产出的绝对影子价格,该价格根据定义可以设定为 1 元/吨。MAC_i 代表非期望产出的边际成本,即边际减排成本。

然而,各 DMU 的边际减排成本仅能反映减排工作的局部边际成本效应,很难准确衡量整体减排方案的效果优劣。总减排成本指标可以从总体角度出发,用来比较不同方案的优缺点。该指标的意义在于将目前子行业碳排放份额维持到碳达峰年作为基准方案,并将所设计的配额方案与之比较,从而量化实现方案的成本。结合边际减排成本,可以量化配额分配方案的总减排成本。具体指数可以用公式（7.35）表示：

$$TRC = \sum_{i=1}^{n} (I_i - D_i) \cdot MAC_i \qquad (7.35)$$

其中，I_i 表示如果维持 2010~2020 年的碳排放比例，i 子行业到碳达峰年的碳排放量。D_i 是所选方案中 i 子行业的配额。TRC 代表该方案的总减排成本。如果 $TRC > 0$，则意味着与当前的碳排放量相比，该方案仍需要额外的成本。如果 $TRC < 0$，则意味着与当前的碳排放量相比，该方案具有成本效益。显然，该方案的 TAC 越小，就越有可能受到政策制定者的青睐。

7.4　指标分析与数据来源

考虑到指标的代表性与数据可得性，根据《国家产业分类》（GB/4754—2011）可知，中国的工业行业包括 41 个类别。参考《河南统计年鉴》，由于 2012 年前后的子行业划分发生变化，此处以 40 个工业子行业为研究对象，具体如表 7.4 所示。

表 7.4　河南省工业行业的子行业分类

序号	行业名称	序号	行业名称
S1	煤炭开采和洗选业	S9	酒、饮料和精制茶制造业
S2	石油和天然气开采业	S10	烟草制造业
S3	黑色金属矿采选业	S11	纺织业
S4	有色金属矿采选业	S12	纺织服装、服饰业
S5	非金属矿采选业	S13	皮革、毛皮、羽毛及其制品和制鞋业
S6	开采辅助活动	S14	木材加工及木、竹、藤、掠、草制品业
S7	农副食品加工业	S15	家具制造业
S8	食品制造业	S16	造纸及纸制品业

序号	行业名称	序号	行业名称
S17	印刷和记录媒介复制业	S29	专业设备制造业
S18	文教、工美、体育和娱乐用品制造业	S30	汽车制造业
S19	石油加工、炼焦及核燃料加工业	S31	铁路、船舶、航空航天和其他运输设备制造业
S20	化学原料及化学制品制造业	S32	电气机械及器材制造业
S21	医药制造业	S33	计算机、通信和其他电子设备制造业
S22	化学纤维制造业	S34	仪器仪表制造业
S23	橡胶和塑料制品业	S35	其他制造业
S24	非金属矿物制品业	S36	废弃资源综合利用业
S25	黑色金属冶炼和压延加工业	S37	金属制品、机械和设备修理业
S26	有色金属冶炼及压延加工业	S38	电力、热力生产和供应业
S27	金属制品业	S39	燃气生产和供应业
S28	通用设备制造业	S40	水的生产和供应业

资料来源：河南省统计局。

1）熵 – AHP TOPSIS 模型指标说明

本节构建的配额分配指标体系（见表7.1）中，所有指标的原始数据均来自《河南统计年鉴》（2010～2020 年）。指标数值均以 2010～2020 年的平均值表示，各指标具体的表示方式如下：

①历史碳排放：考虑 7 大主要能源消费产生的碳排放量，具体数值根据公式（4.1）计算可得；

②碳排放强度：以碳排放总量与总产值的比值表示；

③能源结构：用煤炭消费量占所有能源消费总量的比重表示；

④能源强度：即单位产值能耗量，用能源消耗总量与总产值的比值表示；

⑤总产值：该指标在子行业统计年鉴中并没有体现，因此本节中该指标以各子行业的主营业务收入表示；

⑥盈利能力：用利润与净资产的比值表示，净资产等于资产减去负债；

⑦从业人数：以从事某子行业的人员数量表示；

⑧人均产值：用子行业总产值与该子行业从业人员的比值表示。

2）ZSG – DEA 模型指标说明

在分配指标选取上，参考其他学者的研究分析，采用 ZSG – DEA 模型进行效率分配时需要考虑人力、资本和能源等多个方面的投入。本章选取各子行业的总产值、能源消耗量与从业人数作为配额的效率分配指标。另外在指标数据的来源上，碳达峰时整个河南省工业行业的从业人数和能源消耗量两项指标根据 2010~2020 年的平均增长情况进行预测，而工业行业的总产值和碳排放配额指标则以第 6 章预测得到的碳达峰时的中高情景设定为准，各子行业的相应指标值与 2012~2020 年的平均比例一致（见附录 1）。根据第 6 章的预测模型可知，河南省工业行业在"双碳"目标约束下保持中高速发展情景，最早可于 2026 年实现碳达峰，届时的碳排放总量为 16373.78 万吨。

3）NDDF 模型指标说明

NDDF 模型中选取了总资产（K）、从业人数（L）和能源消耗量（E）三个投入要素，一个期望产出为子行业总产值（Y），一个非期望产出为碳排放量（C）。指标原数据来自《河南统计年鉴》（2010~2020 年）。关于 2026 年研究设计的指标，参考文献研究经验，根据 2010~2020 年的年均增长值与政府约束预测 2026 年河南省工业行业的总资产、从业人数、能源消耗量、总产值和碳排放量等指标。同样，各子行业的相应指标比例与 2010~2020 年一致（见附录 1）。

7.5 配额分配方案分析

7.5.1 配额分配结果

1）基于熵 – AHP TOPSIS 模型的初始分配方案

①指标综合权重计算结果。

根据第 7.1 节建立的配额分配指标体系，选取 2010 ～ 2020 年各指标的历史数据的平均值，在此基础上对河南省工业行业的子行业进行配额初始分配。

首先，各指标的主观权重由层次分析法确定。由 7.2.1 小节模型介绍可知，层次分析法首先需要建立主观判断矩阵。参考相关研究，需要对表 7.1 中的 8 个指标进行重要度排序。为提高赋权过程的科学性，邀请了来自河南省政府发改委以及地质矿产局等部门的 6 位专家进行打分。整合专家意见，得到比较矩阵如表 7.5 所示。

表 7.5　　　　　　　　　　指标判断矩阵

指标	Z_{11}	Z_{12}	Z_{21}	Z_{22}	Z_{31}	Z_{32}	Z_{41}	Z_{42}
Z_{11}	1	1/2	2	3	3	5	6	7
Z_{12}	2	1	2	3	3	4	5	6
Z_{21}	1/2	1/2	1	1/3	2	2	3	4
Z_{22}	1/3	1/3	3	1	2	3	3	4
Z_{31}	1/3	1/3	1/2	1/2	1	2	3	4

指标	Z_{11}	Z_{12}	Z_{21}	Z_{22}	Z_{31}	Z_{32}	Z_{41}	Z_{42}
Z_{32}	1/5	1/4	1/2	1/3	1/2	1	2	3
Z_{41}	1/6	1/5	1/3	1/3	1/3	1/2	1	2
Z_{42}	1/7	1/6	1/4	1/4	1/4	1/3	1/2	1

通过式（7.1）～式（7.6），可以得到各指标权重，如图7.3所示。

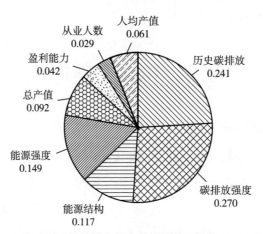

图7.3　层次分析法权重确定结果

其次，通过熵权法得到各指标的客观权重，如图7.4所示。由图可知，各项指标赋权值差异较小，均在0.11和0.14之间，说明这些指标的重要程度差异不大，指标区分度较小。其中，总产值的赋权最大（0.138），说明子行业总产值所能提供的信息量比其他指标的更多，而历史碳排放的赋权最小（0.119），说明该指标的数据差异程度最低，所能提供的数据量较少。

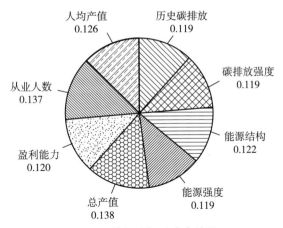

图 7.4　熵权法权重确定结果

最后，结合上述主客观权重分配结果，根据公式（7.13）可以得到各项指标的综合权重，如图 7.5 所示。由图可知，虽然采用熵权法计算的各指标间的熵权值差异不大，但双层分配模型在将准则层与指标层权重进行综合后，可以明显看出指标间的差距，排序结果为：碳排放强度（0.264）＞历史碳排放量（0.235）＞能源强度（0.145）＞能源结构（0.117）＞总产值（0.104）＞人均产值（0.063）＞盈利能力（0.041）＞从业人数（0.032）。因此可见，指标综合权重排序与层次分析法和熵权法的排序都有所差异，进一步说明主客观相结合的混合赋权方法的科学性。

②配额分配比例及初始分配方案。

基于得到的主客观综合权重值，通过式（7.14）~式（7.19）可以得到各子行业的配额分配比例，如表 7.6 所示。另外，为了表明初始分配方案的分配效果，还基于 2010~2020 年历史碳排放的平均数据，给出了一个历史平均配额分配方案作为对照。

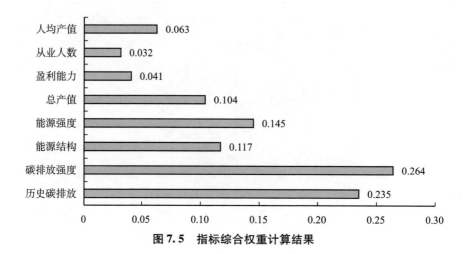

图 7.5　指标综合权重计算结果

表 7.6　　　　　　　　河南省工业子行业配额初始分配比例

行业	历史平均配额（万吨）	初始分配比例	初始配额（万吨）	行业	历史平均配额（万吨）	初始分配比例	初始配额（万吨）
S1	4522.844	0.083	1352.442	S15	5.507	0.017	275.969
S2	101.983	0.028	457.528	S16	141.203	0.024	394.820
S3	6.213	0.016	254.173	S17	6.312	0.016	254.918
S4	21.314	0.020	325.863	S18	7.885	0.016	261.688
S5	14.988	0.018	296.546	S19	960.718	0.044	719.799
S6	21.745	0.018	298.481	S20	1303.920	0.038	615.634
S7	92.955	0.029	480.184	S21	59.044	0.022	354.421
S8	76.543	0.024	395.629	S22	31.699	0.024	390.306
S9	51.982	0.023	369.728	S23	47.485	0.021	338.658
S10	2.079	0.022	357.967	S24	772.413	0.039	635.181
S11	67.101	0.019	313.678	S25	1200.068	0.033	533.962
S12	10.475	0.017	283.085	S26	1393.946	0.039	640.216
S13	15.742	0.021	344.059	S27	41.804	0.018	300.843
S14	19.303	0.018	291.348	S28	36.903	0.020	332.836

续表

行业	历史平均 配额 （万吨）	初始分配 比例	初始配额 （万吨）	行业	历史平均 配额 （万吨）	初始分配 比例	初始配额 （万吨）
S29	36.206	0.021	339.653	S35	2.377	0.014	229.523
S30	43.413	0.020	333.701	S36	2.269	0.019	314.679
S31	8.195	0.016	259.826	S37	0.272	0.011	185.412
S32	29.003	0.021	337.224	S38	5164.524	0.083	1356.122
S33	20.154	0.022	359.799	S39	23.615	0.021	348.461
S34	3.063	0.014	234.202	S40	6.514	0.013	205.216

　　整体上看，熵 – AHP TOPSIS 模型的初始分配方案与历史平均比例的配额分布基本一致，即配额较多的主要是 S1、S38 和 S25 等一些资源密集型子行业。具体来看，在这 40 个子行业中，S1 和 S38 的初始配额明显高于其他 38 个子行业。其中，S38（电力、热力生产和供应业）的初始配额在 40 个子行业中最高，配额总量为 1356.122 万吨，占总量的 8.28%；S1（煤炭开采和洗选业）的初始配额为 1352.442 万吨，占总量的 8.26%。另外，仅有 5 个子行业的初始配额占比在 3%～5%，排序结果为：S19（石油加工、炼焦及核燃料加工业，4.4%）＞ S26（有色金属冶炼及压延加工业，3.91%）＞ S24（非金属矿物制品业，3.88%）＞ S20（化学原料及化学制品制造业，3.76%）＞ S25（黑色金属冶炼和压延加工业，3.26%），初始配额分别为 719.799 万吨、640.216 万吨、635.181 万吨、615.634 万吨和 533.962 万吨。最后，剩下的 33 个子行业的初始配额占比均在 1%～3%。其中，最小的 3 个子行业依次为 S37（金属制品、机械和设备修理业，1.12%）、S40（水的生产和供应业，1.25%）和 S35（其他制造业，1.4%），初始配额分别为 185.412 万吨、205.216 万吨和 229.523 万吨。

同时，从图7.6可以更直观地看出，大部分的配额被分配到了少数几个子行业中，而大多数的子行业则只能分配剩下的小部分配额。总之，排名前7位的子行业共占据了36%左右的配额，而其余的33个子行业仅能分配到剩下的64%的配额，且这些子行业间的配额差异也较小。这一分配结果与各子行业的历史水平与产业特征相对应。例如，河南省的能源生产供应子行业的碳排放量一般高于加工制造子行业。此外，与历史水平相比，初始分配方案中碳排放量较高的子行业的配额有所减少，而碳排放较低的子行业的配额有所增加。这表明初始分配过程主要对一些高碳排放的子行业施加了更大的减排压力。

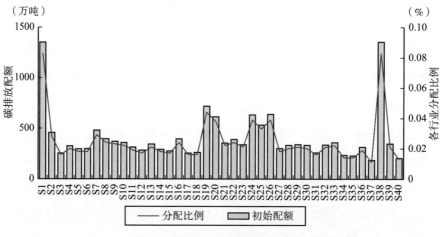

图7.6 河南省工业子行业初始配额分配比例及配额

2）基于 ZSG – DEA 模型的再分配方案

基于效率原则，本节采用 ZSG – DEA 模型，通过式（7.20）~式（7.23）对初始配额分配方案进行效率测算和优化，完成配额的再次分配，得到一个效率优化后的再分配方案。

首先，基于 ZSG - DEA 模型，本节以初始配额（万吨）、行业总产值（万元）、从业人员（万人）和能源消耗量（万吨标准煤）为指标，对固定的配额总量进行初始分配的效率测算，具体指标数据和结论如表7.7所示。图7.7所示为计算得到的初始分配方案的效率值，方案的平均效率为 0.825，且大部分子行业的效率值偏低。其中，有20个子行业的效率低于平均值，这表明该方案在效率上仍有提高的空间。

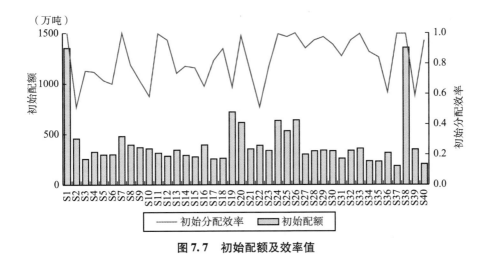

图 7.7　初始配额及效率值

其次，对初始配额按照迭代法进行再次分配，以实现效率最大化。经过3次迭代后，各子行业的配额分配效率值均达到最大值1，即基本都达到了 ZSG - DEA 的统一有效边界，迭代过程及结果如表7.8所示。图7.8为各子行业的配额分配效率值在 ZSG - DEA 模型迭代过程中的变化情况。图7.9展示了完整的迭代变化过程。其中，黑色和红色圆点分别表示 ZSG - DEA 模型优化前后的两种配额分配方案，柱状图表示配额调整值。

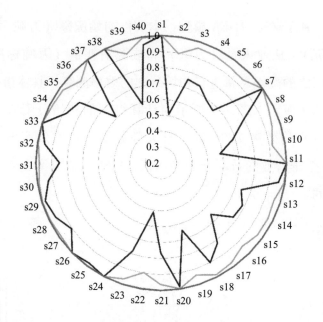

图 7.8 迭代过程配额分配效率对比

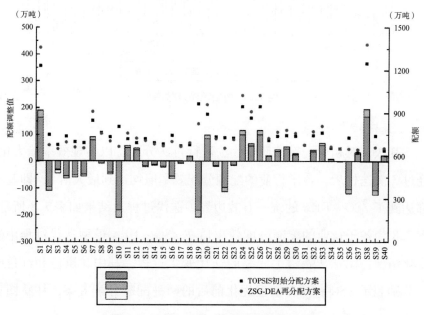

图 7.9 ZSG–DEA 模型迭代调整过程

由图 7.8 和图 7.9 可以发现，效率迭代调整后所有子行业的配额都发生了变化，且大部分子行业的变化幅度较大。其中，S1 和 S2 等 9 个子行业的调整幅度超过了 100 万吨，只有 S7 和 S31 等少数 4 个子行业的调整幅度低于 10 万吨。另外，在变化幅度较大的子行业中，配额增加值较大的是碳排放量本身就较高的 S1 和 S38 等子行业，而配额减少值较大的是部分碳排放量本身就较低的 S31 和 S35 等子行业，变化幅度较小的则全是自身碳排放量较小的子行业。

总体上看，效率迭代调整的过程主要是将配额从低碳排子行业（S10、S39 等）向高碳排子行业（S1、S38 等）转移。这是因为高碳排行业往往在社会经济中占据举足轻重的地位，处于工业的核心位置，理应给予更多的配额，以确保"双碳"目标推进过程中经济社会的稳定发展，具有一定的现实合理性。另外发现，效率调整后少数低碳排子行业（S12、S33 等）的配额反而在增加，结合实际来看是因为这类行业的能源消耗量较小、碳排放量较少，但其经济发展水平较高且效率已经接近最优，所以应当予以鼓励支持，不应施加过大的减排压力。而少数高碳排子行业（S2、S19 等）的配额又在减少，是因为这类行业的产值不高且效率提升空间较大，所以部分减排责任向它们稍有倾斜。即效率调整过程中，配额往往会从效率较低的子行业向效率更高的子行业转移。总之，提高分配效率和实现减排目标主要受减排潜力较大的行业影响。

7.5.2 配额分配方案评价结果

1）公平性评价结果

由于目前还没有公认的配额分配标准，所以一些偏主观性的分配方法难以保证配额方案的实施效果。对于前节得到的兼顾公平与效率

表7.7　河南省工业各子行业的配额初始分配效率

行业	初始配额（万吨）	行业总产值（亿元）	从业人数（万人）	能源消耗（万吨标准煤）	初始效率值	行业	初始配额（万吨）	行业总产值（亿元）	从业人数（万人）	能源消耗（万吨标准煤）	初始效率值
S1	1352.442	2125.210	41.804	6600.161	1.000	S21	354.421	1539.017	16.259	94.328	0.765
S2	457.528	157.730	4.686	193.338	0.509	S22	390.306	130.974	1.796	51.218	0.512
S3	254.173	119.586	1.052	10.165	0.753	S23	338.658	1441.786	15.037	78.073	0.781
S4	325.863	1081.174	6.203	34.583	0.744	S24	635.181	6661.787	62.296	1153.984	1.000
S5	296.546	350.754	3.454	26.153	0.691	S25	533.962	3142.528	17.760	1621.292	0.978
S6	298.481	121.966	2.341	38.983	0.667	S26	640.216	4786.753	21.228	2151.790	1.000
S7	480.184	5036.051	40.627	149.828	1.000	S27	300.843	1637.964	17.179	63.272	0.905
S8	395.629	2248.584	25.109	126.348	0.788	S28	332.836	2564.537	25.482	57.651	0.954
S9	369.728	1178.624	12.224	80.654	0.683	S29	339.653	2854.556	28.679	58.254	0.977
S10	357.967	456.713	1.774	3.780	0.583	S30	333.701	2391.959	20.113	67.025	0.929
S11	313.678	2001.113	28.513	108.066	1.000	S31	259.826	697.408	8.307	12.930	0.849
S12	283.085	1006.827	20.002	16.516	0.958	S32	337.224	2664.929	22.979	46.790	0.954
S13	344.059	1120.438	15.790	24.848	0.740	S33	359.799	3465.260	40.077	33.590	1.000
S14	291.348	700.601	9.926	30.275	0.785	S34	234.202	365.762	5.252	4.922	0.881
S15	275.969	517.580	6.748	8.612	0.774	S35	229.523	131.742	2.357	3.726	0.844
S16	394.820	825.324	9.380	228.722	0.654	S36	314.679	131.278	0.822	3.433	0.610
S17	254.918	387.474	5.750	10.057	0.820	S37	185.412	34.880	0.611	0.579	1.000
S18	261.688	756.164	11.848	14.097	0.901	S38	1356.122	2628.142	19.310	7554.900	1.000
S19	719.799	1086.863	3.699	1645.511	0.643	S39	348.461	308.117	1.889	37.201	0.587
S20	615.634	3516.200	26.734	2006.719	0.984	S40	205.216	81.081	2.596	10.440	0.950

表7.8 河南省工业各子行业的配额效率迭代调整结果

行业	第一次迭代	第二次迭代	第三次迭代	再分配配额（万吨）	配额调整值（万吨）
S1	1.000	1.000	1.000	1594.065	241.622
S2	0.895	0.998	1.000	270.885	-186.643
S3	0.959	0.999	1.000	224.660	-29.513
S4	0.958	0.999	1.000	284.096	-41.767
S5	0.946	0.999	1.000	240.154	-56.392
S6	0.940	0.999	1.000	233.342	-65.140
S7	1.000	1.000	1.000	565.972	85.788
S8	0.967	0.999	1.000	365.385	-30.243
S9	0.944	0.999	1.000	295.323	-74.404
S10	0.918	0.998	1.000	243.813	-114.154
S11	1.000	1.000	1.000	369.837	56.160
S12	0.994	1.000	1.000	319.529	36.444
S13	0.957	0.999	1.000	298.424	-45.635
S14	0.966	0.999	1.000	268.605	-22.743
S15	0.964	0.999	1.000	250.704	-25.265
S16	0.938	0.999	1.000	301.777	-93.043
S17	0.972	0.999	1.000	245.670	-9.249
S18	0.986	1.000	1.000	277.364	15.676
S19	0.938	0.999	1.000	536.376	-183.422
S20	0.998	1.000	1.000	713.711	98.077
S21	0.962	0.999	1.000	318.135	-36.286
S22	0.896	0.996	1.000	232.918	-157.389
S23	0.965	0.999	1.000	310.471	-28.187
S24	1.000	1.000	1.000	748.660	113.479
S25	0.997	1.000	1.000	615.023	81.061
S26	1.000	1.000	1.000	754.602	114.385
S27	0.986	1.000	1.000	320.250	19.407
S28	0.994	1.000	1.000	374.135	41.299
S29	0.997	1.002	1.000	392.084	52.432
S30	0.990	1.000	1.000	364.994	31.293
S31	0.977	1.000	1.000	259.497	-0.329
S32	0.995	0.999	1.000	378.621	41.397
S33	1.000	1.000	1.000	424.080	64.281
S34	0.983	1.000	1.000	242.742	8.540
S35	0.976	0.999	1.000	227.748	-1.775
S36	0.925	0.998	1.000	224.543	-90.136
S37	1.000	1.000	1.000	218.537	33.125
S38	1.000	1.000	1.000	1598.400	242.278
S39	0.919	0.998	1.000	238.967	-109.494
S40	0.993	1.000	1.000	229.679	24.463

原则的配额分配方案,要确保其能够被所有不同子行业所接受,则必须保证该分配方案的公平性。同时,考虑到效率优化过程可能会影响初始分配方案的公平性,我们采用环境基尼系数来进行量化和评价。由式(7.26)计算得到了 ZSG – DEA 模型优化前后各行业总产值指标的洛伦兹曲线的变化,结果如图 7.10 所示。洛伦兹曲线越接近绝对平等曲线意味着基尼系数越小,公平性越高;反之,基尼系数越大,公平性就越低。

图 7.10 中明显的曲线移动情况可以充分说明,采用 ZSG – DEA 优化模型优化后的洛伦兹曲线比初始配额的洛伦兹曲线更接近绝对平等曲线。说明 ZSG – DEA 模型促进了配额公平和经济发展公平,这意味着 ZSG – DEA 再分配方案的可行性较高,更容易被行业所接受。

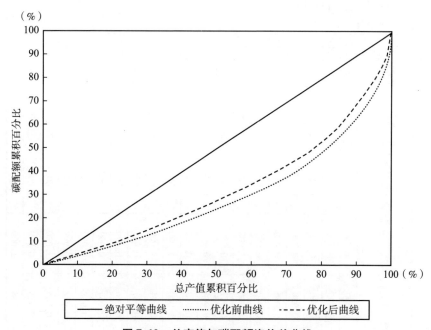

图 7.10 总产值与碳配额洛伦兹曲线

另外，表 7.9 显示了本节提出的三种配额分配方案及对应的环境基尼系数。基尼系数数值大小比较排序：历史平均比例方案 > TOPSIS 初始分配方案 > ZSG – DEA 再分配方案。根据系数越小平等程度越高的原则，三种方案的公平程度排序为：ZSG – DEA 再分配方案 > TOP-SIS 初始分配方案 > 历史平均比例方案。

其中，历史平均比例方案和 TOPSIS 初始分配方案的系数都大于 0.4，均属于分配不公平范畴。ZSG – DEA 再分配方案的系数处于 0.2 ~ 0.4，属于分配相对公平范畴。基于历史平均比例得到的分配方案并不能满足公平分配的要求，说明过去各子行业的碳排放活动是不合理的，不适合作为配额分配标准。TOPSIS 初始分配方案虽然在一定程度上提高了公平性，却仍然属于不公平范畴，与预期效果有差距。ZSG – DEA 再分配方案在最大化分配效率的同时，还将方案公平性提高到了相对公平范畴。综上所述，ZSG – DEA 再分配方案更能满足公平原则。

表 7.9　　　　　　　　　　配额分配方案的环境基尼系数

分配方案	环境基尼系数	范畴
历史平均比例方案	0.762	不公平
TOPSIS 初始分配方案	0.446	不公平
ZSG – DEA 再分配方案	0.393	相对公平

2）经济性评价结果

已有的评价研究主要集中于方案的公平性，但减排目标的实现难免会对经济发展造成影响。因此，如何以经济的方式激励碳减排行动也是政策制定者面临的一大困境。本节将经济性纳入评价范围，选择边际减排成本（MAC）和总减排成本（TAC）指标来量化和评价不同方案的经济性，并通过 NDDF 模型来获得这两个指标。本节的研究将模型中各指标的权重向量设计为 $\omega^T = \left(\dfrac{1}{9}, \dfrac{1}{9}, \dfrac{1}{9}, \dfrac{1}{3}, \dfrac{1}{3}\right)$，方向向量设为 $g = (-K, -L, -E, Y, -C)$。由式（7.33）~式（7.35）可以得到各配额分配方案的总减排成本和边际减排成本，分别如表 7.10 和图 7.11 所示。

表 7.10   不同分配方案的总减排成本

分配方案	总减排成本（亿元）
TOPSIS 初始分配方案	−870.75
ZSG − DEA 再分配方案	−1262.68

根据表 7.10 中的对比分析结果表明：相较于历史平均比例配额分配方案，在 ZSG − DEA 模型优化前后分配方案的总减排成本分别为 −870.75 亿元和 −1262.68 亿元。可见，这两种方案都能减少河南省工业行业整体的减排成本，且基于 ZSG − DEA 模型的再分配方案效果更加显著。

图 7.11 所示为优化前后不同分配方案下各子行业的边际减排成本。对比发现，初始分配方案与再分配方案的优化路径基本一致，都主要是将配额从边际减排成本较低的子行业（S1、S20、S38 等）向边际减排成本较高的子行业（S7、S32、S33 等）转移，从而降低整体的减排成本。另外，S2、S6、S37 等经济实力较弱子行业的边际减排成本较低，而 S7、S24、S33 等经济实力较强的子行业的边际减排成本较高，说明边际减排成本与经济实力联系密切。因为较高的经济发展水平往往会产生较大的碳排放量，所以减排难度更大，边际减排成本也就越高。

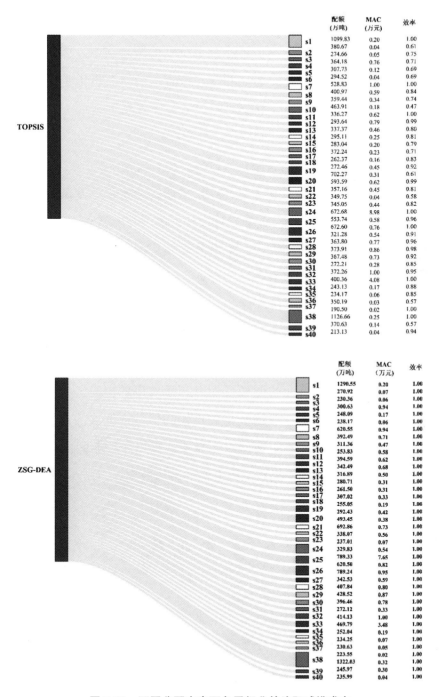

图 7.11　不同分配方案下各子行业的边际减排成本

　　总体而言，方案的定量评价结果表明，ZSG－DEA 再分配方案是一种兼顾公平与效率的方案，且能带来更低的减排成本。因此，该方案最适合河南省工业行业的发展要求。该方案的主要思想是对一些减排成本较低且碳排放高的子行业（S1、S20、S38 等）施压，因为这些子行业的减排潜力较大。对于一些自身碳排放较低的子行业（S5、S6、S10 等），它们的减排空间有限，所以压力稍有放松。

　　此外，TOPSIS 初始分配方案是在历史碳排放水平的基础上，将部分配额从碳排放较高的子行业向碳排放较低的子行业转移。ZSG－DEA 模型在进行效率优化的过程中，将部分配额从边际减排成本较低的子行业转移到边际减排成本更高的子行业。这一过程反而增加了部分高碳排子行业的配额。由于边际减排成本高的子行业往往具有更高的经济产出，所以我们结合历史碳排放与总产值进行分析。例如，手工业或电子设备制造业等的碳排放量较低但总产值较高，这意味着其碳强度较低，增加这些子行业的配额反而有利于效率的提高。相反，化石能源的开采加工业等子行业的碳排放量较高但总产值偏低，这意味着其碳强度较高，所以配额有所减少。显然，根据子行业间的碳强度差异进行配额调整，有利于提高分配方案的整体效率。

7.6　本　章　小　结

　　本章将前文得到的河南省工业行业在"双碳"目标下的碳达峰峰值作为配额总量，按照配额分配和分配方案评价的研究思路展开分析。首先，基于公平原则，从减排责任、减排潜力、减排能力和社会福利 4 个维度选取了 8 个具体的分配指标，构建了一个多指标的配额初始分配体系。其次，采用熵 – AHP TOPSIS 模型，将河南省工业行业的配额总量进一步分配给其下属的 40 个子行业，得到一个基于公平原则的配额初始分配方案。最后，结合 ZSG – DEA 模型进一步评价和优化了初始分配方案的效率，在经过模型的三次迭代后，所有行业的效率值均达到 1，实现了分配效率最大化。

此外，配额效率的优化可能会改变各子行业的配额，从而造成行业间减排责任和减排压力的转移，这必将影响各行业的减排成本以及分配的平等程度。因此，为了确保配额分配方案的公平性和经济性，使分配方案能够被 40 个子行业所接受，本章采用了环境基尼系数和非径向方向距离函数分别进行公平性和经济性的定量评价。最终，根据评价结果确定一个兼顾公平性、效率性和经济性的理想分配方案。

本章根据不同的分配思路，提出了三个不同的配额分配方案：历史平均比例方案、TOPSIS 初始分配方案和 ZSG – DEA 再分配方案。具体的研究结论如下。

（1）公平性定量评价结果显示，ZSG – DEA 再分配方案提高了 TOPSIS 初始分配方案的基尼系数。即通过效率优化使初始分配方案从"不公平"范畴调整到了"相对公平"范畴，这意味着该方案的可行性较高，更容易被行业所接受。

（2）经济性定量评价结果显示，本章得到的初始分配方案和再分配方案的总减排成本比历史平均比例方案分别减少了 870.75 亿元和 1262.68 亿元，说明两个方案均具有经济效益，且利用 ZSG – DEA 模型进行效率优化还会带来更低的减排成本。另外，ZSG – DEA 模型是通过调整配额，将部分减排压力从排放量大的行业转移到其他压力较小的行业，从而"平均"减排压力，因此，在减排任务分配方面更符合河南省工业各子行业的发展现状。

（3）综合定量评价结果发现，效率优化后的 ZSG – DEA 再分配方案最符合河南省工业行业的发展要求。该方案不仅兼顾公平与效率原则，还能带来更低的减排成本。

（4）在制定配额分配方案时，还需要考虑碳强度和边际减排成本因素。在公平分配的基础上，根据各子行业在这两个因素上的差异进行配额调整，有利于提高配额分配的整体效率。

第8章
碳中和目标下河南省工业碳减排路径

本书前几章测算了 2010～2020 年河南省工业行业能源消费的碳排放现状，基于 LMDI 模型对河南省工业碳排放的影响因子进行了详细解析，结合驱动因素分析结论并运用 STIRPAT 模型预测了河南省工业行业 2021～2060 年的达峰情况。为了有效实现"双碳"目标，还构建了多维度、多原则的配额分配模型，将预测出的河南省工业碳排放峰值总量分配到其 40 个子行业。最后，为了确保方案的现实可行性，还定量评价了各分配方案的经济性和公平性。根据以上各章的分析结论，本章对河南省工业行业的碳减排目标从能源、经济和社会等多个维度提出以下具体建议。

（1）强化能源供给侧结构性改革，提高非化石能源比重。河南省的能源结构在优化的同时却对碳排放影响较不显著的原因，很有可能是能源结构自身调整难度较大，同时忽略了调整能源结构过程中新技术的使用与新能源的利用。因此，应大力促进能源转型发展，严格控制煤炭产能，加快引进清洁能源，提高能源资源配置效率。

（2）加强对重点用能部门的监测和评价，提升节能降碳管理能力，推进重点行业用能方式低碳化。加强对化石能源在开采、生产和利用过程中的碳排放监控管理，加快推广和应用先进的绿色开采技术和智能化技术，增强对能源生产过程中产生的余能和副产品的回收及再利用，可以从大力控制并进一步降低化石能源在开采过程中的碳排放量入手。另外，还需要提高能源在加工、储藏、运输等过程中的使用效率和碳减排力度，加快重点行业的转型升级，提高行业建设的绿色低碳水平和智能化水平，增加能带来附加值的产品比重，提升资源的综合利用率。同时大力发展能源低碳循环经济，推行煤炭能源的分质、分梯级利用方式，推动煤炭向高固碳率产品转化发展。

（3）提高能源利用技术的科技创新水平，加快绿色低碳技术的研发和推广。采取适当技术措施降低河南省工业的碳减排总量、优化减排效率，鼓励重点能源企业开展协同创新，加快能源科技成果转化。用能强度与经济发展水平是影响碳排放两个最重要的因素，但经济发展水平对碳排放的贡献作用始终大于用能强度，因此，在对经济发展水平的增长持期望态度的前提下，对用能技术的优化和创新就显得尤为重要，这是在实现经济发展目标的同时控制碳排放最有效的手段。

（4）创新发展能源碳达峰、碳中和体制机制，完善能耗强度和能耗总量的"双控"制度。实现碳达峰是党和国家的一项重要战略举措，同时也是贯彻习近平生态文明思想的重要体现。通过税收政策和碳交易等手段来推动节能减排，将是实现碳达峰、碳中和的重要途径。另外，在推行政策的基础上，还要加强低碳试点工作的推进，注重深化能源领域体制机制的改革，加强政策上的保障力度。坚持将破解瓶颈和增强活力两项举措相结合，进而使能源领域竞争性环节的市场化改革得到持续深化。还要进一步加快体制机制和商业模式的创新，为能源领域的高质量发展和如期实现碳达峰、碳中和目标提供有力的体制机制保障。

（5）相关部门应当针对各子行业的减排潜力和经济实力差异，兼顾效率、公平和经济性原则，根据发展水平和能源消耗等因素制定差异化的配额方案。例如，应当重点关注煤炭开采和洗选业以及电力、热力生产和供应业等这类经济实力较强且边际减排成本较低的行业，它们具有较大的减排潜力和能力，所以应当承担更大的减排责任。相比之下，农副食品加工业以及计算机、通信和其他电子设备制造业等一些减排成本较高，但碳排放总量少且经济实力较强的行业应当适度给予鼓励支持，因为这些行业对推动经济发展意义重大，所以对其不宜施加过大的减排压力，这样才能在碳减排过程中兼顾社会经济发展要求。

（6）政府应当结合实际不断完善体制机制，通过宏观调控确保配额分配方案的落实和减排目标的实现。第一，积极推动碳交易市场建设，构建一个秩序良好的碳交易平台。认真梳理和总结国外在碳交易市场建设方面的宝贵经验以及国内 7 个碳交易试点城市的丰富成果，结合河南省自身实际，构建出一个符合本区域发展特征的碳交易平台。第二，加强对重点用能部门的监测和评价，提升其节能和降碳减排能力。例如，煤炭开采和洗选业以及电力、热力生产和供应业，黑色金属冶炼和压延加工业等子行业是工业主要的能源消耗和碳排放来源，并且具有较大的减排潜力和较低的减排成本，应当成为实现减排目标的重要着力点。第三，鼓励子行业间的合作减排，通过技术创新协作或能源结构改革提高资源配置效率。例如，电力、热力生产和供应业以及煤炭开采和洗选业，黑色金属冶炼和压延加工业以及有色金属冶炼及压延加工业，这两组行业分别为高碳排放的能源生产供应行业和金属加工冶炼行业，这类相关行业间的技术联合开发将取得事半功倍的效果。

（7）倡导构建低碳社会理念。随着社会经济发展，城镇化进程的加快使得城市人口增长，在城市规模的扩张和基础设施的建设过程中必然会伴随大量的能源消耗；而且人们的生活水平提高后，消费规模和习惯的巨大变化必然会导致碳排放量的显著增加；大部分农村人口的文化素质还比较低、受教育的程度不高，绿色环保的意识还很薄弱，且老龄化问题的出现，绿色低碳的理念和清洁生活方式的推进将会更加困难，减排措施的实施效果也会受到削弱。因此，可以尝试推行省级行政区碳交易制度，加强政府减排管理及政策支持，在社会上进行绿色生活方式理念的呼吁与教育，逐步让低碳生活的理念深入人心。

附　　录

2026 年的各项指标预测值按历史平均比例在各子行业的分配情况

行业	总资产 （亿元）	从业人数 （万人）	能源消耗 （万吨标准煤）	总产值 （亿元）	碳排放量 （万吨）
S1	4709.135	26.692	4823.590	2191.501	4522.844
S2	444.833	2.992	141.297	162.650	101.983
S3	180.385	0.672	7.429	123.316	6.213
S4	1037.279	3.961	25.274	1114.899	21.314
S5	443.916	2.206	19.114	361.695	14.988
S6	205.860	1.495	28.490	125.770	21.745
S7	4164.285	25.940	109.499	5193.139	92.955
S8	2148.616	16.032	92.339	2318.724	76.543
S9	1348.209	7.805	58.944	1215.389	51.982
S10	586.698	1.133	2.762	470.959	2.079
S11	2055.645	18.205	78.978	2063.533	67.101
S12	935.172	12.771	12.071	1038.232	10.475
S13	1045.699	10.082	18.160	1155.387	15.742
S14	610.427	6.337	22.126	722.455	19.303
S15	473.690	4.308	6.294	533.725	5.507
S16	889.221	5.989	167.156	851.068	141.203
S17	388.842	3.671	7.350	399.561	6.312
S18	749.980	7.565	10.302	779.751	7.885

行业	总资产 （亿元）	从业人数 （万人）	能源消耗 （万吨标准煤）	总产值 （亿元）	碳排放量 （万吨）
S19	922.970	2.362	1202.588	1120.765	960.718
S20	4723.706	17.070	1466.569	3625.879	1303.920
S21	1754.730	10.381	68.938	1587.023	59.044
S22	231.826	1.146	37.432	135.060	31.699
S23	1368.433	9.601	57.058	1486.759	47.485
S24	7146.454	39.775	843.365	6869.585	772.413
S25	3136.212	11.340	1184.888	3240.551	1200.068
S26	6402.123	13.554	1572.591	4936.065	1393.946
S27	1616.493	10.969	46.241	1689.057	41.804
S28	2654.709	16.270	42.133	2644.531	36.903
S29	3224.161	18.311	42.574	2943.597	36.206
S30	2518.517	12.842	48.984	2466.570	43.413
S31	817.477	5.304	9.450	719.162	8.195
S32	3174.705	14.672	34.196	2748.055	29.003
S33	4689.595	25.588	24.549	3573.351	20.154
S34	489.774	3.353	3.597	377.171	3.063
S35	208.335	1.505	2.723	135.852	2.377
S36	109.935	0.525	2.509	135.373	2.269
S37	58.402	0.390	0.423	35.968	0.272
S38	6101.689	12.329	5521.342	2710.121	5164.524
S39	690.455	1.206	27.188	317.728	23.615
S40	409.647	1.657	7.630	83.610	6.514

参 考 文 献

［1］曹广喜，张力.碳达峰目标下江苏省重点行业碳排放量的影响因素分析及趋势预测［J］.阅江学刊，2022，14（1）：129－140.

［2］曹志斌.习近平在第七十五届联合国大会一般性辩论上发表重要讲话［EB/OL］.http：//www. gov. cn/xinwen/2020－09/22/content_5546168. htm.

［3］陈刚，钱志权，吴旭.中国碳达峰目标实现的预测和政策组合方案比较——以浙江省为例［J］.经济研究参考，2021（20）：39－56.

［4］陈洁.行业减排优先次序选择及减排主体行为演化研究［D］.合肥：合肥工业大学，2017.

［5］陈军华，李乔楚.成渝双城经济圈建设背景下四川省能源消费碳排放影响因素研究——基于 LMDI 模型视角［J］.生态经济，2021，37（12）：30－36.

［6］陈诗一.中国碳排放强度的波动下降模式及经济解释［J］.世界经济，2011，34（4）：124－143.

［7］陈志建，王铮，孙翊.中国区域人均碳排放的空间格局演变及俱乐部收敛分析［J］.干旱区资源与环境，2015，29（4）：24－29.

［8］丛建辉，刘学敏，赵雪如.城市碳排放核算的边界界定及其测度方法［J］.中国人口·资源与环境，2014，24（4）：19－26.

[9] 崔莉妍. 基于双向耦合优化模型的行业初始排污权分配研究 [D]. 长春：吉林大学，2020.

[10] 戴胜利，张维敏. 中部六省工业碳排放影响效应及其变化趋势分析 [J]. 工业技术经济，2022，41（4）：152-160.

[11] 邓小乐，孙慧. 基于 STIRPAT 模型的西北五省区碳排放峰值预测研究 [J]. 生态经济，2016，32（9）：36-41.

[12] 丁明磊，李宇翔，赵荣钦，等. 面向配额分配模拟的工业行业碳排放绩效——以郑州市为例 [J]. 自然资源学报，2019，34（5）：1027-1040.

[13] 董庆前，李治宇. 碳排放约束下区域经济绿色增长影响因素研究 [J]. 经济体制改革，2022（2）：66-72.

[14] 段福梅. 中国二氧化碳排放峰值的情景预测及达峰特征——基于粒子群优化算法的 BP 神经网络分析 [J]. 东北财经大学学报，2018（5）：19-27.

[15] 范体军，骆瑞玲，范耀东，等. 我国化学工业二氧化碳排放影响因素研究 [J]. 中国软科学，2013（3）：166-174.

[16] 方德斌，陈卓夫，郝鹏. 北京城镇居民碳排放的影响机理——基于 LMDI 分解法 [J]. 北京理工大学学报（社会科学版），2019，21（3）：30-38.

[17] 方恺，李帅，叶瑞克，等. 全球气候治理新进展——区域碳排放权分配研究综述 [J]. 生态学报，2020，40（1）：10-23.

[18] 冯彬，邱言言，陆嘉昂. 碳排放管理标准体系的建设研究 [J]. 中国标准化，2022（9）：74-80.

[19] 冯晨鹏，尹绍婧，肖相泽，等. 浙江省区域碳排放权配额分配与补偿研究 [J]. 系统工程学报，2020，35（5）：577-587.

［20］冯青，吴志彬，徐玖平．基于投入产出规模的省际碳排放配额分配研究［J］．中国管理科学，2021：1-10.

［21］付云鹏，马树才，宋琪，等．基于 LMDI 的中国碳排放影响因素分解研究［J］．数学的实践与认识，2019，49（4）：7-17.

［22］傅京燕，黄芬．中国碳交易市场 CO_2 排放权地区间分配效率研究［J］．中国人口·资源与环境，2016，26（2）：1-9.

［23］高洁．交通运输碳排放时空特征及演变机理研究［D］．西安：长安大学，2013.

［24］郭茹，吕爽，曹晓静，等．基于 ZSG-DEA 模型的中国六大行业碳减排分配效率研究［J］．生态经济，2020，36（1）：13-18.

［25］郭若鑫．中国八大经济区碳强度时空变化、区域差异及其影响因素研究［D］．湘潭：湖南科技大学，2020.

［26］国家统计局能源统计司．中国能源统计年鉴［M］．北京：中国统计出版社，2021：4-5.

［27］韩传峰，宋府霖，滕敏敏．长三角地区碳排放时空特征、空间聚类与治理策略［J］．华东经济管理，2022，36（5）：24-33.

［28］河南省统计局．河南统计年鉴：2014［M］．北京：中国统计出版社，2014.

［29］河南省统计局．河南统计年鉴：2020［M］．北京：中国统计出版社，2020.

［30］河南省统计局．河南统计年鉴［M］．北京：中国统计出版社，2021：5-6.

［31］洪竞科，李沅潮，蔡伟光．多情景视角下的中国碳达峰路径模拟——基于 RICE-LEAP 模型［J］．资源科学，2021，43（4）：639-651.

[32] 胡怀敏，左薇，徐士元.长江经济带交通能源碳排放脱钩效应及驱动因素研究 [J].长江流域资源与环境，2022，31 (4)：862 - 877.

[33] 胡剑波，赵魁，杨苑翰.中国工业碳排放达峰预测及控制因素研究——基于 BP - LSTM 神经网络模型的实证分析 [J].贵州社会科学，2021 (9)：135 - 146.

[34] 胡颖，诸大建.中国建筑业 CO_2 排放与产值、能耗的脱钩分析 [J].中国人口·资源与环境，2015，25 (8)：50 - 57.

[35] 黄煌.2030 年碳强度目标约束下中国省域碳排放总量分配——基于边际减排成本效应视角的分析 [J].调研世界，2020 (7)：25 - 33.

[36] 黄蕊，王铮，丁冠群，等.基于 STIRPAT 模型的江苏省能源消费碳排放影响因素分析及趋势预测 [J].地理研究，2016，35 (4)：781 - 789.

[37] 黄莹，郭洪旭，廖翠萍，等.基于 LEAP 模型的城市交通低碳发展路径研究——以广州市为例 [J].气候变化研究进展，2019，15 (6)：670 - 683.

[38] 戢晓峰，白淑敏，陈方，等.效率视角下省域交通碳排放配额分配研究 [J].干旱区资源与环境，2022，36 (4)：1 - 7.

[39] 江心英，朱蓉.江苏省第二产业发展与碳排放关系研究——基于 1987—2018 年时间序列数据的实证分析 [J].生态经济，2022，38 (5)：28 - 32.

[40] 蒋博雅，黄宝麟，张宏.基于 LMDI 模型的江苏省建筑业碳排放影响因素研究 [J].环境科学与技术，2021，44 (10)：202 - 212.

[41] 蒋昀辰，钟苏娟，王逸，等.全国各省域碳达峰时空特征及影响因素 [J].自然资源学报，2022，37 (5)：1289 - 1302.

[42] 康文梅,夏克郁.区域经济增长与碳排放的脱钩:基于汉江生态经济带的实证分析 [J].企业经济,2022,41 (5):23 – 31.

[43] 莱斯特·R.布朗.生态经济:有利于地球的经济构想 [M].台北:东方出版社,2002:65.

[44] 莱斯特·R.布朗.生态经济革命——拯救地球和经济的五大步骤 [M].台北:扬智文化事业股份有限公司,1999:138.

[45] 赖文亭,王远,黄琳琳,等.福建省行业碳排放驱动因素分解及其与经济增长脱钩关系 [J].应用生态学报,2020,31 (10):3529 – 3538.

[46] 兰延文,郭丽君,李森.碳排放驱动因素分解及碳排放达峰情景分析——以河南省为例 [J].能源与环境,2021 (6):7 – 11.

[47] 乐保林,徐少君.中国建筑业碳排放空间关联网络结构及其影响因素分析 [J].浙江理工大学学报 (社会科学版),2022,48 (5):493 – 501.

[48] 李阿萌,张京祥,肖翔.江苏省13 城市1996 ~ 2008 年碳排放时空变异分析 [J].长江流域资源与环境,2011,20 (10):1235 – 1242.

[49] 李波,张俊飚,李海鹏.中国农业碳排放时空特征及影响因素分解 [J].中国人口·资源与环境,2011,21 (8):80 – 86.

[50] 李佛关,吴立军.基于LMDI 法对碳排放驱动因素的分解研究 [J].统计与决策,2019,35 (21):101 – 104.

[51] 李国志,李宗植.中国二氧化碳排放的区域差异和影响因素研究 [J].中国人口·资源与环境,2010,20 (5):22 – 27.

[52] 李国志,李宗植.中国农业能源消费碳排放因素分解实证分析——基于LMDI 模型 [J].农业技术经济,2010 (10):66 – 72.

[53] 李建豹, 黄贤金, 揣小伟, 等. 基于碳排放总量和强度约束的碳排放配额分配研究 [J]. 干旱区资源与环境, 2020, 34 (12): 72-77.

[54] 李江元, 丁涛. 我国碳排放增长的驱动因素分解——基于 LMDI 模型 [J]. 煤炭经济研究, 2020, 40 (6): 47-56.

[55] 李萌. 习近平主持召开中央财经委员会第九次会议 [EB/OL]. http: //www. gov. cn/xinwen/2021-03/15/content_5593154. htm.

[56] 李坦, 陈天宇, 范玉楼, 等. 安徽省能源消费碳排放的影响因素、产业差异及预测 [J]. 安全与环境学报, 2020, 20 (4): 1494-1503.

[57] 李泽坤, 任丽燕, 马仁锋, 等. 基于效率视角的浙江省2030年碳排放配额分析 [J]. 生态科学, 2020, 39 (3): 201-211.

[58] 栗雨铄. 基于区域和行业视角的中国碳排放权初始分配研究 [D]. 北京: 华北电力大学, 2020.

[59] 梁启迪, 冯相昭, 杜晓林, 等. 基于 LMDI 的能源消费碳排放影响因素研究——以唐山市为例 [J]. 环境与可持续发展, 2020, 45 (1): 150-154.

[60] 梁日忠, 张林浩. 1990~2008年中国化学工业碳排放脱钩和反弹效应研究 [J]. 资源科学, 2013, 35 (2): 268-274.

[61] 林秀群, 童祥轩. 基于 Theil 指数的工业碳排放省域差异性分析——以低碳试点五省为例 [J]. 科技与经济, 2016, 29 (6): 106-110.

[62] 蔺雪芹, 边宇, 王岱. 京津冀地区工业碳排放效率时空演化特征及影响因素 [J]. 经济地理, 2021, 41 (6): 187-195.

[63] 刘海英, 王钰. 基于历史法和零和 DEA 方法的用能权与碳排放权初始分配研究 [J]. 中国管理科学, 2020, 28 (9): 209-220.

［64］刘洪涛，尚进，蒲学吉．城镇化对区域 CO_2 排放影响研究——基于 STIRPAT 时滞效应模型［J］．管理现代化，2018，38（2）：76 - 79.

［65］刘茂辉，翟华欣，刘胜楠，等．基于 LMDI 方法和 STIRPAT 模型的天津市碳排放量对比分析［J］．环境工程技术学报，2023，13（1）：63 - 70.

［66］刘妍．江西省碳排放时空分布与峰值预测研究［D］．南昌：江西师范大学，2019.

［67］卢升荣．长江经济带交通运输业全要素碳排放效率研究［D］．武汉：武汉理工大学，2018.

［68］芦颖，李旭东，杨正业．贵州省能源碳排放现状及峰值预测［J］．环境科学与技术，2018，41（11）：173 - 180.

［69］罗栋燊，沈维萍，胡雷．城镇化、消费结构升级对碳排放的影响——基于省级面板数据的分析［J］．统计与决策，2022，38（9）：89 - 93.

［70］马海良，张红艳，吴凤平．基于情景分析法的中国碳排放分配预测研究［J］．软科学，2016，30（10）：75 - 78.

［71］马晓君，陈瑞敏，董碧滢，等．中国工业碳排放的因素分解与脱钩效应［J］．中国环境科学，2019，39（8）：3549 - 3557.

［72］毛莹，屈梦杰，曾利珍．碳排放权交易试点的区域减排效应——基于 PSM - DID 模型［J］．科技和产业，2022，22（5）：235 - 240.

［73］莫姝，王婷．金融发展对碳排放强度影响的空间效应研究［J］．环境科学与技术，2022，45（5）：126 - 134.

［74］潘晨，李善同，刘强．消费视角下中国各省份碳排放驱动因

素探究 [J]. 经济与管理, 2022, 36 (3): 58 – 66.

[75] 潘险险, 余梦泽, 隋宇, 等. 计及多关联因素的电力行业碳排放权分配方案 [J]. 电力系统自动化, 2020, 44 (1): 35 – 42.

[76] 祁神军, 张云波. 中国建筑业碳排放的影响因素分解及减排策略研究 [J]. 软科学, 2013, 27 (6): 39 – 43.

[77] 钱敏, 高璐. 基于 GDIM 的陕西省工业碳排放影响因素研究 [J]. 资源与产业, 2020, 22 (2): 18 – 24.

[78] 渠慎宁, 郭朝先. 基于 STIRPAT 模型的中国碳排放峰值预测研究 [J]. 中国人口·资源与环境, 2010, 20 (12): 10 – 15.

[79] 沈镭, 孙艳芝. 中国在气候变化下碳排放、能源消费与低碳经济领域的研究进展综述 (英文) [J]. Journal of Geographical Sciences, 2016, 26 (7): 855 – 870.

[80] 孙涵, 张红艳, 付晓灵. 中国经济增长与能源消费的多部门脱钩预测 [J]. 资源与产业, 2021, 23 (5): 11 – 20.

[81] 孙耀华, 何爱平, 彭硕毅, 等. 碳强度减排指标约束下碳排放权的省际分配效率研究 [J]. 统计与信息论坛, 2019, 34 (6): 74 – 81.

[82] 孙耀华, 仲伟周, 庆东瑞. 基于 Theil 指数的中国省际间碳排放强度差异分析 [J]. 财贸研究, 2012, 23 (3): 1 – 7.

[83] 孙作人, 周德群, 周鹏, 等. 基于环境 ZSG – DEA 的我国省区节能指标分配 [J]. 系统工程, 2012, 30 (1): 84 – 90.

[84] 田成诗, 陈雨. 中国省际农业碳排放测算及低碳化水平评价——基于衍生指标与 TOPSIS 法的运用 [J]. 自然资源学报, 2021, 36 (2): 395 – 410.

[85] 田原宇, 谢克昌, 乔英云, 等. 碳中和约束下的煤化工产业

展望 [J]. 中外能源, 2022, 27 (5): 17 - 23.

[86] 田云, 林子娟. 巴黎协定下中国碳排放权省域分配及减排潜力评估研究 [J]. 自然资源学报, 2021, 36 (4): 921 - 933.

[87] 童家靖, 黄伟, 黎秀琼, 等. 我国园林绿地的碳汇研究进展 [J]. 热带生物学报, 2018, 9 (1): 117 - 122.

[88] 王安静, 冯宗宪, 孟渤. 中国 30 省份的碳排放测算以及碳转移研究 [J]. 数量经济技术经济研究, 2017, 34 (8): 89 - 104.

[89] 王佳, 杨俊. 地区二氧化碳排放与经济发展——基于脱钩理论和 CKC 的实证分析 [J]. 山西财经大学学报, 2013, 35 (1): 8 - 18.

[90] 王莉叶, 陈兴鹏, 庞家幸, 等. 基于 LMDI 的能源消费碳排放因素分解及情景分析——以兰州市为例 [J]. 生态经济, 2019, 35 (9): 38 - 44.

[91] 王良栋, 吴乐英, 陈玉龙, 等. 经济平稳增长下黄河流域相关省区碳达峰时间及峰值水平 [J]. 资源科学, 2021, 43 (11): 2331 - 2341.

[92] 王文举, 陈真玲. 中国省级区域初始碳配额分配方案研究——基于责任与目标、公平与效率的视角 [J]. 管理世界, 2019, 35 (3): 81 - 98.

[93] 王宪恩, 王泳璇, 段海燕. 区域能源消费碳排放峰值预测及可控性研究 [J]. 中国人口·资源与环境, 2014, 24 (8): 9 - 16.

[94] 王雅楠, 谢艳琦, 谢丽琴, 等. 基于 LMDI 模型和 Q 型聚类的中国城镇生活碳排放因素分解分析 [J]. 环境科学研究, 2019, 32 (4): 539 - 546.

[95] 王茨, 王应明. 基于未来效率的兼顾公平与效率的资源分配 DEA 模型研究——以各省碳排放额分配为例 [J]. 中国管理科学,

2019, 27 (5): 161 – 173.

[96] 王勇, 程瑜, 杨光春, 等. 2020 和 2030 年碳强度目标约束下中国碳排放权的省区分解 [J]. 中国环境科学, 2018, 38 (8): 3180 – 3188.

[97] 吴青龙, 王建明, 郭丕斌. 开放 STIRPAT 模型的区域碳排放峰值研究——以能源生产区域山西省为例 [J]. 资源科学, 2018, 40 (5): 1051 – 1062.

[98] 吴唯, 张庭婷, 谢晓敏, 等. 基于 LEAP 模型的区域低碳发展路径研究——以浙江省为例 [J]. 生态经济, 2019, 35 (12): 19 – 24.

[99] 谢泗薪, 陈佳旭. 碳中和目标下物流业绿色化改造与发展策略研究 [J]. 改革与战略, 2022, 38 (3): 130 – 140.

[100] 辛金国, 童佳耀. 不同能源结构下浙江省能源消费碳达峰预测研究 [J]. 统计科学与实践, 2021 (6): 29 – 32.

[101] 徐国泉, 蔡珠, 封士伟. 基于二阶段 LMDI 模型的碳排放时空差异及影响因素研究——以江苏省为例 [J]. 软科学, 2021, 35 (10): 107 – 113.

[102] 徐国泉, 刘则渊, 姜照华. 中国碳排放的因素分解模型及实证分析: 1995 – 2004 [J]. 中国人口·资源与环境, 2006 (6): 158 – 161.

[103] 徐静. 双碳背景下建筑企业装配式建筑业务绿色低碳发展路径研究 [J]. 价值工程, 2022, 41 (17): 165 – 168.

[104] 许绩辉, 王克. 中国民航业中长期碳排放预测与技术减排潜力分析 [J]. 中国环境科学, 2022, 42 (7): 3412 – 3424.

[105] 许宁翰. 碳减排目标实现与经济高质量增长的协同路径研究 [D]. 武汉: 武汉大学, 2021.

［106］杨振，李泽浩．中部地区碳排放测度及其驱动因素动态特征研究［J］．生态经济，2022，38（5）：13－20．

［107］叶攀．习近平生态文明思想是开放与发展的新思想［EB/OL］．http：//www.chinanews.com/gn/2018/06－02/8528892.shtml．

［108］尹鹏，段佩利，陈才．中国交通运输碳排放格局及其与经济增长的关系研究［J］．干旱区资源与环境，2016，30（5）：7－12．

［109］尹希果，霍婷．国外低碳经济研究综述［J］．中国人口·资源与环境，2010，20（9）：18－23．

［110］岳书敬．长三角城市群碳达峰的因素分解与情景预测［J］．贵州社会科学，2021（9）：115－124．

［111］张彩平，向玉超．湖南省 CO_2 排放达峰情景预测研究［J］．南华大学学报（社会科学版），2021，22（4）：65－73．

［112］张浩然，李玮．区域碳排放权减排分配机制设计——基于1.5℃温升目标［J］．科技管理研究，2020，40（14）：227－236．

［113］张继宏，程芳萍．"双碳"目标下中国制造业的碳减排责任分配［J］．中国人口·资源与环境，2021，31（9）：64－72．

［114］张剑，刘景洋，董莉，等．中国能源消费 CO_2 排放的影响因素及情景分析［J］．环境工程技术学报，2023，13（1）：71－78．

［115］张京玉．影响中国能源消耗碳排放因素分析——基于LMDI分解模型［J］．煤炭经济研究，2019，39（11）：23－28．

［116］张丽峰，潘家华．中国区域碳达峰预测与"双碳"目标实现策略研究［J］．中国能源，2021，43（7）：54－62．

［117］张楠，吕连宏，王斯一，等．基于文献计量分析的碳中和研究进展［J］．环境工程技术学报，2023，13（2）：464－472．

［118］张棚．重庆市制造行业全要素能源绩效研究［D］．重庆：

重庆大学，2019.

[119] 张婷婷，陈华. 碳交易市场的利益博弈问题研究——基于层次分析法和夏普利值法视角 [J]. 科技促进发展，2019，15（1）：55-61.

[120] 张巍. 基于 STIRPAT 模型的陕西省工业碳排放量预测和情景分析 [J]. 可再生能源，2017，35（5）：771-777.

[121] 张新红. 统一碳市场下中国省际碳排放额度的效率分配 [J]. 社会科学战线，2021（11）：43-50.

[122] 张炎治，冯颖，张磊. 中国碳排放增长的多层递进动因——基于 SDA 和 SPD 的实证研究 [J]. 资源科学，2021，43（6）：1153-1165.

[123] 赵博. 河南省碳排放测度与时空演化研究 [D]. 郑州：河南大学，2014.

[124] 赵慈，宋晓聪，刘晓宇，等. 基于 STIRPAT 模型的浙江省碳排放峰值预测分析 [J]. 生态经济，2022，38（6）：29-34.

[125] 赵桂梅. 中国碳排放强度的时空演进及其驱动机制研究 [D]. 镇江：江苏大学，2017.

[126] 赵吉，党国英，唐夏俊. 基于 SBM-Tobit 模型的中国农业生态效率时空差异及影响因素研究 [J]. 西南林业大学学报（社会科学），2022，6（3）：10-18.

[127] 赵敏，张卫国，俞立中. 上海市能源消费碳排放分析 [J]. 环境科学研究，2009，22（8）：984-989.

[128] 赵亚涛，南新元，贾爱迪. 基于情景分析法的煤电行业碳排放峰值预测 [J]. 环境工程，2018，36（12）：177-181.

[129] 郑立群. 中国各省区碳减排责任分摊——基于零和收益

DEA 模型的研究 ［J］. 资源科学, 2012, 34 (11): 2087 – 2096.

［130］周伟, 米红. 中国能源消费排放的 CO_2 测算 ［J］. 中国环境科学, 2010, 30 (8): 1142 – 1148.

［131］朱卫未, 缪子阳, 淦贵生. 基于 Context-dependent DEA 方法的碳排放减额分配策略 ［J］. 资源科学, 2020, 42 (11): 2170 – 2183.

［132］朱永彬, 王铮, 庞丽, 等. 基于经济模拟的中国能源消费与碳排放高峰预测 ［J］. 地理学报, 2009, 64 (8): 935 – 944.

［133］庄青, 刘传玉. 基于熵权法和 TOPSIS 法的电力行业碳排放初始权分配模型研究——以江苏省为例 ［J］. 环境科技, 2015, 28 (6): 25 – 29.

［134］Cai W, Ye P. A more scientific allocation scheme of carbon dioxide emissions allowances: The case from China ［J］. Journal of Cleaner Production, 2019, 215: 903 – 912.

［135］Cao Q, Kang W, Sajid M J, et al. Research on the optimization of carbon abatement efficiency in China on the basis of task allocation ［J］. Journal of Cleaner Production, 2021, 299: 126912.

［136］Chen F, Zhao T, Xia H, et al. Allocation of carbon emission quotas in Chinese provinces based on Super – SBM model and ZSG – DEA model ［J］. Clean Technologies and Environmental Policy, 2021, 23 (8): 2285 – 2301.

［137］Chen Y, Liu J, Xu H. Does initial allocation of carbon quota do well on regional economy and CO_2 emission? ［J］. IOP Conference Series. Earth and Environmental Science, 2019, 237 (2): 22022.

［138］Chen Y, Wang Z, Zhong Z. CO_2 emissions, economic growth, renewable and non-renewable energy production and foreign trade in China [J]. Renewable Energy, 2019, 131: 208 – 216.

[139] Cheng Y, Wang S, Zhang Y, et al. Spatiotemporal dynamics of carbon intensity from energy consumption in China [J]. Jouranl of Geographical Sciences, 2014, 24 (4): 631 – 650.

[140] Chhabra M, Giri A K, Kumar A. Do technological innovations and trade openness reduce CO_2 emissions? Evidence from selected middle-income countries [J]. Environmental Science and Pollution Research, 2022, 29 (43): 65723 – 65738.

[141] Chiu Y H, Lin J C, Su W N, et al. An Efficiency Evaluation of the EU's Allocation of Carbon Emission Allowances [J]. Energy Sources, 2015, 10 (1 – 4): 192 – 200.

[142] Chu X, Du G, Geng H, et al. Can energy quota trading reduce carbon intensity in China? A study using a DEA and decomposition approach [J]. Sustainable Production and Consumption, 2021, 28: 1275 – 1285.

[143] Cui X, Zhao T, Wang J. Allocation of carbon emission quotas in China's provincial power sector based on entropy method and ZSG – DEA [J]. Journal of Cleaner Production, 2021, 284: 124683.

[144] Dong F, Han Y, Dai Y, et al. How Carbon Emission Quotas Can be Allocated Fairly and Efficiently among Different Industrial Sectors: The Case of Chinese Industry [J]. Polish Journal of Environmental Studies, 2018, 27 (6): 2883 – 2891.

[145] Duan H, Hou C, Yang W, et al. Towards lower CO_2 emissions in iron and steel production: Life cycle energy demand – LEAP based multi-stage and multi-technique simulation [J]. Sustainable Production and Con-

sumption, 2022, 32: 270 – 281.

[146] Ehrlich P R, Holdren J P. Impact of Population Growth [J]. Science, 1971, 171: 1212 – 1217.

[147] Fang K, Zhang Q, Long Y, et al. How can China Achieve its Intended Nationally Determined Contributions by 2030? A multi-criteria allocation of China's carbon emission allowance [J]. Applied Energy, 2019, 241 (May 1): 380 – 389.

[148] Gan L, Ren H, Cai W, et al. Allocation of carbon emission quotas for China's provincial public buildings based on principles of equity and efficiency [J]. Building and Environment, 2022, 216: 108994.

[149] Geng, Yong, Shao, et al. Uncovering driving factors of carbon emissions from China's mining sector [J]. Applied Energy, 2016, 166 (Mar. 15): 220 – 238.

[150] Gomes E G, Lins M P E. Modelling undesirable outputs with zero sum gains data envelopment analysis models [J]. Journal of the Operational Research Society, 2008, 59 (5): 616 – 623.

[151] Gregg J S, Andres R J. A method for estimating the temporal and spatial patterns of carbon dioxide emissions from national fossil-fuel consumption [J]. Tellus B: Chemical and Physical Meteorology, 2008, 60 (1): 1 – 10.

[152] Grossman G M, Krueger A B. Environmental Impacts of a North American Free Trade Agreement: U. S. – Mexico Free Trade Agreement, Mexico, 1991 [C]. SECOFI, 2019.

[153] Guo, Jian – Hua. The efficiency evaluation of low carbon economic performance based on dynamic TOPSIS method [J]. Journal of Inter-

disciplinary Mathematics, 2017, 20 (1): 231 –241.

[154] Hatmanu M, Cautisanu C, Iacobuta A O. On the relationships between CO_2 emissions and their determinants in Romania and Bulgaria. An ARDL approach [J]. Applied Economics, 2022, 54 (22): 2582 –2595.

[155] Huang J B, Berhe M W, Dossou T, et al. The heterogeneous impacts of Sino – African trade relations on carbon intensity in Africa [J]. Journal of Environmental Management, 2022, 316.

[156] Jia J, Fan Y, Guo X. The low carbon development (LCD) levels' evaluation of the world's 47 countries (areas) by combining the FAHP with the TOPSIS method [J]. Expert Systems with Applications, 2012, 39 (7): 6628 –6640.

[157] Jiang Q Q, Rahman Z U, Zhang X S, et al. An assessment of the impact of natural resources, energy, institutional quality, and financial development on CO_2 emissions: Evidence from the B&R nations [J]. Resources Policy, 2022, 76.

[158] Kaya T, Kahraman C. Multicriteria decision making in energy planning using a modified fuzzy TOPSIS methodology [J]. Expert Systems with Applications, 2011, 38 (6): 6577 –6585.

[159] Kong Y, Zhao T, Yuan R, et al. Allocation of carbon emission quotas in Chinese provinces based on equality and efficiency principles [J]. Journal of Cleaner Production, 2019, 211: 222 –232.

[160] Li F, Emrouznejad A, Yang G, et al. Carbon emission abatement quota allocation in Chinese manufacturing industries: An integrated cooperative game data envelopment analysis approach [J]. The Journal of the Operational Research Society, 2020, 71 (8): 1259 –1288.

［161］ Li L, Li Y, Ye F, et al. Carbon dioxide emissions quotas allocation in the Pearl River Delta region: Evidence from the maximum deviation method ［J］. Journal of Cleaner Production, 2018, 177: 207 – 217.

［162］ Li Z, Zhang Q, Qiao Y, et al. Trade-offs between high yields and soil CO_2 emissions in semi-humid maize cropland in northern China ［J］. Soil & Tillage Research, 2022 (221 –): 221.

［163］ Lin B, Moubarak M, Ouyang X. Carbon dioxide emissions and growth of the manufacturing sector: Evidence for China ［J］. Energy, 2014, 76 (Nov.): 830 – 837.

［164］ Lin B, Sai R. Towards low carbon economy: Performance of electricity generation and emission reduction potential in Africa ［J］. Energy, 2022 (251).

［165］ Lin, Boqiang, Zhang, et al. Carbon emissions in China's cement industry: A sector and policy analysis ［J］. Renewable & Sustainable Energy Reviews, 2016, 58 (May): 1387 – 1394.

［166］ Liu L, Fan Y, Wu G, et al. Using LMDI method to analyzed the change of China's industrial CO_2 emissions from final fuel use: An empirical analysis ［J］. Energy Policy, 2007, 35 (11): 5892 – 5900.

［167］ Liu L, Wang K, Wang S, et al. Exploring the Driving Forces and Reduction Potential of Industrial Energy – Related CO_2 Emissions during 2001 – 2030: A Case Study for Henan Province, China ［J］. Sustainability, 2019, 11 (4): 1176.

［168］ Liu X, Mao G, Ren J, et al. How might China achieve its 2020 emissions target? A scenario analysis of energy consumption and CO_2 emissions using the system dynamics model ［J］. Journal of Cleaner Production, 2015, 103 (Sep. 15): 401 - 410.

[169] Ma C, Ren Y, Zhang Y, et al. The allocation of carbon emission quotas to five major power generation corporations in China [J]. Journal of Cleaner Production, 2018, 189: 1 - 12.

[170] Maduka A C, Ogwu S O, Ekesiobi C S. Assessing the Moderating Effect of Institutional Quality on Economic Growth - Carbon Emission Nexus in Nigeria [J]. Working Papers of the African Governance and Development Institute, 2022, 29 (43): 64924 - 64938.

[171] Miao Z, Geng Y, Sheng J C. Efficient allocation of CO_2 emissions in China: A zero sum gains data envelopment model [J]. Journal of Cleaner Production, 2016, 112: 4144 - 4150.

[172] Michael, R. W, Walmsley, et al. Minimising carbon emissions and energy expended for electricity generation in New Zealand through to 2050 [J]. Applied Energy, 2014, 135 (Dec. 15): 656 - 665.

[173] Pang R Z, Deng Z Q, Chiu Y H. Pareto improvement through a reallocation of carbon emission quotas [J]. Renewable & Sustainable Energy Reviews, 2015, 50 (Oct.): 419 - 430.

[174] Rehman E, Rehman S. Modeling the nexus between carbon emissions, urbanization, population growth, energy consumption, and economic development in Asia: Evidence from grey relational analysis [J]. Energy Reports, 2022, 8: 5430 - 5442.

[175] Ren S, Yuan B, Ma X, et al. The impact of international trade on China's industrial carbon emissions since its entry into WTO [J]. Energy Policy, 2014, 69: 624 - 634.

[176] Sharma S, Majumdar K. Efficiency of rice production and CO_2

emissions: A study of selected Asian countries using DDF and SBM – DEA [J]. Journal of Environmental Planning and Management, 2021 (1): 1 – 23.

[177] Tan Q, Zheng J, Ding Y, et al. Provincial Carbon Emission Quota Allocation Study in China from the Perspective of Abatement Cost and Regional Cooperation [J]. Sustainability, 2020, 12 (20): 8457.

[178] Wang K, Zhang X, Wei Y, et al. Regional allocation of CO_2 emissions allowance over provinces in China by 2020 [J]. Energy Policy, 2013, 54: 214 – 229.

[179] Wang M, Feng C. Tracking the inequalities of global per capita carbon emissions from perspectives of technological and economic gaps [J]. Journal of Environmental Management, 2022, 315: 115144.

[180] Wang X, Wang S, Zhang Y. The Impact of Environmental Regulation and Carbon Emissions on Green Technology Innovation from the Perspective of Spatial Interaction: Empirical Evidence from Urban Agglomeration in China [J]. Sustainability, 2022, 14.

[181] Wu F, Huang N, Liu G, et al. Pathway optimization of China's carbon emission reduction and its provincial allocation under temperature control threshold [J]. Journal of Environmental Management, 2020, 271: 111034.

[182] Wu Q, Zhang H. Research on Optimization Allocation Scheme of Initial Carbon Emission Quota from the Perspective of Welfare Effect [J]. Energies, 2019, 12 (11): 2118.

[183] Xu Z, Yao L, Liu Q, et al. Policy implications for achieving the carbon emission reduction target by 2030 in Japan – Analysis based on a bilevel equilibrium model [J]. Energy Policy, 2019, 134: 110939.

［184］Yang B, Li X, Su Y, et al. Carbon quota allocation at the provincial level in China under principles of equity and efficiency ［J］. Carbon Management, 2020, 11 (1): 11 – 23.

［185］Yang K, Lei Y, Chen W, et al. Carbon dioxide emission reduction quota allocation study on Chinese provinces based on two-stage Shapley information entropy model ［J］. Natural Hazards, 2018, 91 (1): 321 – 335.

［186］Yang M, Hou Y, Ji Q, et al. Assessment and optimization of provincial CO_2 emission reduction scheme in China: An improved ZSG – DEA approach ［J］. Energy Economics, 2020, 91: 104931.

［187］Yang Q, Huo J, Saqib N, et al. Modelling the effect of renewable energy and public-private partnership in testing EKC hypothesis: Evidence from methods moment of quantile regression ［J］. Renewable Energy, 2022, 192: 485 – 494.

［188］York R, Rosa E A, Dietz T. STIRPAT, IPAT and ImPACT: Analytic tools for unpacking the driving forces of environmental impacts ［J］. Ecological Economics, 2003, 46 (3): 351 – 365.

［189］Yu A, You J, Rudkin S, et al. Industrial carbon abatement allocations and regional collaboration: Re-evaluating China through a modified data envelopment analysis ［J］. Applied Energy, 2019, 233: 232 – 243.

［190］Yu Z, Geng Y, Dai H, et al. A general equilibrium analysis on the impacts of regional and sectoral emission allowance allocation at carbon trading market ［J］. Journal of Cleaner Production, 2018, 192: 421 – 432.

［191］Zeng S, Xu Y, Wang L, et al. Forecasting the Allocative Efficiency of Carbon Emission Allowance Financial Assets in China at the Provincial Level in 2020 ［J］. Energies, 2016, 9 (5).

［192］ Zhang Y J, Hao J F. Carbon emission quota allocation among China's industrial sectors based on the equity and efficiency principles ［J］. Annals of Operations Research, 2017, 255 (1 – 2): 117 – 140.

［193］ Zhang Y, Wang Y, Hou X. Carbon Mitigation for Industrial Sectors in the Jing – Jin – Ji Urban Agglomeration, China ［J］. Sustainability, 2019, 11 (22): 6383.

［194］ Zhe C A, Ss B, Hz A, et al. Comprehensive optimization of coal chemical looping gasification process for low CO_2 emission based on multi-scale simulation coupled experiment – ScienceDirect ［J］. Fuel, 2022, 324: 124464.

［195］ Zheng Y M, Lv Q, Wang Y D, et al. Economic development, technological progress, and provincial carbon emissions intensity: Empirical research based on the threshold panel model ［J］. Applied Economics, 2022, 54.

［196］ Zhou D, Hu F, Zhu Q, et al. Regional allocation of renewable energy quota in China under the policy of renewable portfolio standards ［J］. Resources, Conservation and Recycling, 2022, 176: 105904.

后 记

  本书是河南省高等学校哲学社会科学应用研究重大项目"碳中和目标下河南工业碳排放达峰预测与减排路径研究"（批准号：2022 – YYZD – 07）的成果。首先，感谢相关研究项目和基地的资助。其次，要感谢相关职能部门、企业和科研单位的支持，包括焦作市统计局等单位。再次，还要感谢河南理工大学工商管理学院的领导和同事，他们的关怀不仅为我们提供了必要的资金支持，同时也给了我们充足的时间，使我们能够比较圆满地完成研究任务。最后，感谢我的家人，特别是既为爱人也是同事的吕小师先生，他的付出是完成书稿的强大后盾。同时，在著作的撰写过程中参考了大量的文献、资料和数据，我们在此向这些文献、资料的作者表示感谢。

  学海无边，书囊无底。虽然本著作即将出版，但关于碳中和目标下碳减排路径的研究还有待于更深入地探索和讨论。由于水平所限，著作中如有疏漏或错误之处，恳请各位读者批评赐教。

  本书由吴玉萍教授、李玲、张云任共同完成，具体写作分工：第 1 章，吴玉萍完成；第 2 ~ 4 章，张云完成；第 5 ~ 8 章，吴玉萍、李玲、张云完成；全书由吴玉萍总纂、定稿。

吴玉萍

河南理工大学工商管理学院能源经济研究中心

2023 年 5 月